U0218127

路用汽车尾气净化材料构筑及性能研究

李蕊　张阳　著

天津大学出版社
TIANJIN UNIVERSITY PRESS

图书在版编目（CIP）数据

路用汽车尾气净化材料构筑及性能研究 / 李蕊, 张
阳著. -- 天津 : 天津大学出版社, 2022.3
　ISBN 978-7-5618-7143-0

Ⅰ. ①路… Ⅱ. ①李… ②张… Ⅲ. ①汽车排气污染
－废气净化－材料－研究 Ⅳ. ①X734.201.7

中国版本图书馆CIP数据核字(2022)第037648号

出版发行	天津大学出版社
地　　址	天津市卫津路92号天津大学内（邮编：300072）
电　　话	发行部：022-27403647
网　　址	www.tjupress.com.cn
印　　刷	北京虎彩文化传播有限公司
经　　销	全国各地新华书店
开　　本	176mm×250mm
印　　张	8.75
字　　数	224千
版　　次	2022年3月第1版
印　　次	2022年3月第1次
定　　价	48.00元

前　　言

本书是笔者根据近年来在道路工程汽车尾气净化技术及其制备材料方面的研究积累编写而成的。考虑到目前交通行业对保护道路环境的紧迫需求以及催化材料制备与性能优化的需求，本书适当增加了有关道路环境应用的基础知识和国内相关研究进展。

在绪言部分，对全书内容进行了总体介绍。正文上半部分介绍了气凝胶类尾气净化技术的基础知识和制备方法，并对当前气凝胶净化技术的研究进展进行了说明，重点讲述了纳米气凝胶材料的制备与表征。正文下半部分介绍了车辆尾气净化的途径和评价的基础知识与进展，重点阐述了多元复合尾气净化技术及性能优化方法。

本书的独创性内容主要得益于笔者的博士后导师裴建中教授的指导。本书属于研究性著作，涉及的知识领域较为专业，适合道路工程、材料学、环境工程等相关领域的研究生学习使用。此外，也可供道路工程、功能材料、环境工程和其他相关交叉学科领域的科研人员参考使用。

在此感谢金华市公路与运输管理中心对笔者科研工作的大力支持，感谢研究生朱春东、李明明和何海琦等在本书的研究整理工作中所做的贡献，感谢天津大学出版社相关编辑为本书的出版付出的努力，也感谢家人和朋友对笔者的理解和支持。

由于笔者的知识和能力有限，书中难免存在错误和不妥之处，恳请读者批评指正。

目　　录

绪 言

0.1 研究背景及意义

目前,人类对自然环境的影响导致了令人担忧的环境污染问题,这已经成为不可忽视的挑战。在各种污染中,大气污染尤为突出,空气的清洁程度直接影响着每个人的身心健康。大气污染由自然原因和人为原因引起,其中汽车尾气的影响占据了很大比例。自"十三五"以来,国家已经出台了多项政策以应对大气污染问题。大气污染会扩散到其他环境中,对各种环境造成了巨大破坏。大气、水和土壤的污染会通过食物链进入人体或动物体内,对人类和动物构成巨大威胁。贵重金属污染广泛存在,其会引发各种疾病。汽车尾气中的氮氧化物、碳氢化合物、一氧化碳和二氧化碳等成分会对大气造成污染,尾气引发的大规模污染事件包括伦敦光化学烟雾事件和洛杉矶光化学烟雾事件。大气污染物中的二氧化碳会导致温室效应,氮氧化物会引起酸雨和臭氧层损耗等环境问题。此外,机动车排放的污染物也对人体健康构成巨大威胁。众所周知,汽车排放的氮氧化物在特定条件下会生成硝酸(HNO_3),对眼睛造成刺激,影响眼部健康。长期生活在受汽车尾气污染的环境中会降低人体呼吸系统的免疫力,使人易患支气管炎、慢性支气管炎等疾病。汽车尾气中的一氧化碳与血红蛋白结合的速度比与氧气结合的速度快 250 倍,吸入的一氧化碳进入血液并通过循环系统传播,与血红蛋白结合形成碳氧血红蛋白,削弱了血液输送氧气至各组织的功能,对中枢神经系统造成危害,影响人体各种机能。碳氢化合物与氮氧化物结合后,受紫外光作用形成浅蓝色烟雾,该烟雾具有刺激性,对眼睛和上呼吸道黏膜有害,容易引发眼红肿和喉炎等疾病。

近年来,由汽车尾气导致的雾霾、光化学烟雾等环境问题已成为全球研究的紧迫焦点之一。各行业的研究人员对解决汽车尾气问题提出了各种不同的见解和解决方案。目前已总结出一些解决尾气污染的方案,包括机内净化措施、机外净化措施、行政措施以及近年来研发出的可净化汽车尾气的新型材料。尽管这些措施在一定程度上净化了汽车尾气,但汽车尾气的排放速度远远超过了目前的治理速度。因此,在面对日益严重的环境污染问题时,如何进一步提高汽车尾气治理效率成为解决尾气污染问题的重要突破口。

太阳能是一种无污染、经济且丰富的能源。人们不仅希望能利用太阳能解决能源短缺问题，还希望将其应用于污染物净化领域。科研人员在不断探索中发现，利用光催化技术可以有效净化汽车尾气。1972 年，藤岛（Fujishima）和本田（Honda）首次在《自然》杂志上报道了在紫外光照射下，TiO_2 电极能分解水产生氢气的现象。随后，弗兰克（Frank）等人使用半导体材料进行了光催化净化污染物的实验，并取得了巨大的成果。50 多年来，科研人员对提高 TiO_2 的光催化性能以及半导体对污染物的降解作用进行了深入研究，为其大规模生产和应用奠定了良好基础。光催化技术能够充分利用光能，将对人类有害的污染物转化为清洁物质，因此被应用于各种环境污染治理中。

从光催化主体及其产物的角度出发，对光催化过程进行了系统研究。从最早研究的 TiO_2 光催化剂到贵金属光催化剂，已经研究出许多半导体光催化材料，以及后来的稀土金属光催化剂。在这个发展过程中，科学家们对已知的一些光催化剂有了深入的了解，从而能够探索更好的催化剂。TiO_2、铈基和氧化铋材料是无污染、无毒且具有良好催化性能的催化剂。它们具有不同的特点，主要取决于其自身的结构特点。铋基材料能够响应可见光范围，并且其大部分结构呈层状，因此铋基材料可以利用这种独特的结构增加光生电子和光生空穴的复合难度，并且扩大光的利用率。此外，氧化铋材料具有出色的电化学性能。铋基光催化材料的种类较多，大致分为卤氧化铋、钒酸铋、钨酸铋、磷酸铋等几类。TiO_2 之所以成为备受关注的半导体光催化材料，是因为其物理和化学性质较为稳定，具有较强的氧化能力，无毒无害且价格低廉，可实现再生利用，因此 TiO_2 一直是环境净化领域的核心研究材料。然而，TiO_2 半导体光催化材料只能利用紫外光，对太阳能的利用率较低，并且光生电子与光生空穴容易复合，其催化效率并不高。因此，研究人员致力于提高 TiO_2 光催化效率的研究，提出了越来越多的方法来提高 TiO_2 的光催化效率，但催化效果仍难以满足实际生活需求。

基于上述的汽车尾气排放对环境造成的污染问题，尾气净化材料引起了人们前所未有的关注，且已经取得了重要突破，特别是在提高 TiO_2 的光催化性能和半导体降解污染物方面。对 TiO_2 材料的研究已经相对成熟，但其自身特点限制了其应用。研究人员根据一系列发现，逐渐将光催化的关注点从污染物转移到了光催化剂本身。随着光催化剂的多元化发展，不同类型的光催化剂也逐渐被发现。在研究道路车辆尾气净化材料时，笔者基于近年来的研究积累，将进一步专注于探索新型净化材料，包括新型三元复合光催化材料、氧化铈材料、氧化铋材料以及铈铋固溶体材料，并深入研究其净化汽车尾气的机理和工艺。同时，将新材料与涂料结合，并应用于道路上。

0.2　研究内容

本文的研究主要集中在提高 TiO_2 半导体在尾气净化方面的效率。通过对 TiO_2 进行 WO_3 和 Pt 掺杂，提高纳米 TiO_2 的光催化效率，并采用多种表征手段来分析光催化材料的微观结构与净化效率之间的关系。同时,以氧化铈和氧化铋材料为基础,研究不同制备条件对尾气净化效果的影响。还研究了不同掺量下铈铋固溶体材料对尾气净化的影响。此外,从物理孔吸附和电荷吸附的角度出发,使用气相白炭黑和电气石作为吸附材料,并与铈铋固溶体材料混合掺杂,研究了不同掺量对尾气净化的影响。本文的内容主要包括以下 10 点。

①探究纳米 TiO_2 的催化机理,以及影响光催化效率的内在因素和外部环境因素。通过 WO_3 和 Pt 的掺杂改性,采用溶胶 - 凝胶法制备了 $Pt-WO_3-TiO_2$ 复合光催化材料,该材料能够促进光生电子与光生空穴的分离,并扩展光响应范围。研究还包括确定 WO_3 和 Pt 的最佳掺量,以提高纳米 TiO_2 的光催化效率。

②对制备的光催化材料进行扫描电镜分析、元素分析、X 射线衍射、红外光谱和紫外 - 可见光反射等表征分析技术,以建立光催化材料的宏观性能与微观结构之间的关系。

③提出一套完整的尾气评价指标,并通过大量实验探索减小整套测试系统误差的方案,以准确模拟实际道路中的尾气排放规律和净化特征。

④将 $Pt-WO_3-TiO_2$ 复合光催化材料制备成涂料的形式应用于道路工程中,并按照步骤研究制备的光催化材料和光催化涂料在尾气净化方面的效率。

⑤从氧化铈材料的制备工艺出发,考虑了 pH 值、煅烧温度和煅烧时长这三个因素,并采用控制变量法,在宏观上研究了每个因素对尾气净化效果的影响。通过多次尾气净化实验,在自然光和紫外光两种光源条件下,研究了氧化铈材料在可见光范围内是否具有净化效果。从微观角度考虑,使用 XRD、红外光谱、紫外 - 可见光和 SEM 来测试制备的材料的晶型、官能团和形貌等特征,并将微观与宏观结果联系起来。

⑥从氧化铋材料的制备工艺出发,考虑了 pH 值和制备温度这两个因素,并采用控制变量法,在宏观上研究了这两个因素对尾气净化效果的影响。通过多次尾气净化实验,在自然光和紫外光两种光源条件下,研究了氧化铋材料在可见光范围内是否具有净化效果。从微观角度考虑,使用 XRD、红外光谱、紫外 - 可见光和 SEM 等实验来测试制备的材料的晶型、官能团和形貌等特征,并将微观与宏观结果联系起来。

⑦从铈铋固溶体材料的制备工艺出发,考虑了铈元素和铋元素比例不同的情况。在宏观上研究了不同比例条件下对尾气净化效率的影响,并通过使用紫外光和自然光不同的光源进行每个掺量的测试,验证材料在可见光范围内能否发挥作用。从微观角度考虑,使用 XRD、红外光谱、紫外 - 可见光和 SEM 实验来测试制备的材料的晶型、官能团和形貌等特征,并将微观与宏观结果联系起来。

⑧在最佳比例的铈铋固溶体材料基础上,利用不同比例的白炭黑材料来改善铈铋固溶体材料的吸附性能。在宏观层面上,对不同比例的白炭黑铈铋固溶体材料进行紫外光和自然光条件下的尾气净化测试;在微观层面上,通过 BET 吸附实验和 SEM 实

验来测试制备的材料的吸附性能和形貌。将微观和宏观结果联系起来,探索净化效率的变化是否由吸附作用引起。

⑨在最佳比例的铈铋固溶体材料基础上,利用不同比例的电气石材料来改善铈铋固溶体材料的吸附性能。在宏观层面上,对不同比例的电气石铈铋固溶体材料进行紫外光和自然光条件下的尾气净化测试;在微观层面上,通过 BET 吸附实验和 SEM 实验来测试制备的材料的吸附性能和形貌,并将微观和宏观结果联系起来。

⑩将制备的最佳掺量的白炭黑铈铋固溶体材料和最佳掺量的电气石铈铋固溶体材料按照涂料的制备工艺进行制备,在不同光源条件下分别检验它们的尾气净化性能。

第 1 章　路用汽车尾气净化材料研究进展

1.1　净化汽车尾气措施

1930 年,马斯河谷烟雾事件爆发,仅一周时间就导致 63 人死亡;1943 年,美国洛杉矶发生了世界上最早的光化学烟雾事件,大量居民出现眼睛红肿、流泪、喉痛等症状,严重病例出现眼部刺痛、呼吸不适、头晕恶心;1952 年,伦敦烟雾事件爆发,根据英国官方统计,直接因烟雾危害而丧生的人数高达 5 000 人,烟雾消散后的两个月内,又有 8 000 多人因各种与烟雾相关的疾病而死亡。

几十年来,大气污染带来的灾害频频发生,严重威胁着人类的健康和生存环境。这些城市雾霾、光化学烟雾等灾害的主要原因是汽车尾气。随后,人们开始重视汽车尾气的危害,并对其进行成分分析和危害机理研究,提出了各种解决尾气污染问题的方案和措施。目前,治理汽车尾气污染问题的方案包括完善防治政策体系、加强法律责任、建立健全管理体制、重视辅助政策等,具体措施如下。

1.1.1　行政措施

（1）尾气排放法规

第一个尾气排放法规诞生于美国。1968 年,美国联邦政府通过《清洁空气法》修正案,有效改善了汽车尾气污染问题,并引起各国对利用法规政策减少尾气污染的重视。随后的几十年间,许多国家相继制定了关于尾气排放的法规,形成了美国、日本和欧洲三大排放标准体系。

作为近年来全球机动车产销量最大的国家,我国对汽车尾气排放的控制相对较晚。自 1993 年起,经历了不同阶段的发展与改革,我国陆续颁布了七项有关汽车排放的国家标准。随后,我国的法规标准逐渐与国际接轨,排放限制政策的力度逐渐达到发达国家水平。

2017 年,全国开始实施"国五"排放标准,同时根据需求也出台了"国六"排放标准,目前已广泛实施。通过不断完善和改进的法规政策控制,成功地改善了汽车尾气污染问题,对环境保护和人类健康具有重要意义。

（2）限制车辆通行

随着机动车保有量的不断增加,各大城市面临交通拥堵问题。在冬季来临时,机动车尾气成为城市雾霾的主要来源,严重影响生态环境和市民健康。实施限制车辆通行政策不仅可以缓解城市部分路段的交通拥堵问题,还可以有效减少尾气排放量,减轻城市雾霾的影响。

西安市是受雾霾污染最严重的城市之一。根据原西安市环境保护局的检测数据显示,2016 年 1 月 1 日至 3 月 19 日,西安市共有 65 天出现雾霾天气。2016 年 11 月 14 日,西安市第二次启动空气重污染Ⅲ级应急响应,并同时采取了机动车禁限行措施。限行期间,机动车的四项主要污染物排放量下降了约 17.5%,交通拥堵和雾霾污染得到有效改善。

1.1.2　机内净化措施

机内净化是利用特定的技术方法使机动车发动机内的燃料完全燃烧,以达到零排放或者极少排放污染物的目的。因此,对机内净化的研究主要从燃料和机动车发动机两个方面展开。

国家倡导开发和利用新能源和绿色能源,不断用新型燃料替代机动车传统燃油。有文献指出,使用天然气作为燃料代替汽油,在很大程度上降低了污染物排放量。此外,为了响应环保呼声,近年来不断研发出多种新能源汽车,如电动汽车、混合动力汽车、氢燃料电池汽车和太阳能汽车等。这些新型汽车排放少甚至零污染,对环境保护具有重要意义。

1.1.3　机外净化措施

在发动机内生成的污染物通过排气门排出发动机但排入大气之前,通过特定技术手段对污染物进行净化,这称为机外净化。机外净化技术有很多种,包括二次空气喷射法、热反应法、后燃法和催化净化法等。其中,催化净化法中的三效催化应用最广泛,也是在机外净化措施中效果最好的方法。这种技术的应用在一定程度上减少了有害气体的排放,缓解了尾气污染问题。

1.2　光催化净化汽车尾气研究

1.2.1　光催化在净化尾气中的应用

自马斯河谷烟雾事件以来,人们开始意识到大气污染对人类身体健康和居住环境的直接影响。因此,在过去的近百年里,对于污染防治和环境保护的研究一直没有间断。随着社会的发展和科技的进步,汽车已成为人们主要的交通工具,导致汽车尾气排放量持续增加,净化尾气的技术方案也不断涌现,其中光催化技术也被应用于净化汽车尾气。

美国最早在光催化净化尾气方面进行了研究。通用汽车公司的 Donald Beek 进行了利用光催化材料纳米 TiO_2 净化模拟汽车废气的实验。研究结果显示,在 7 h 内,500 ℃ 环境下的纳米 TiO_2 相较于其他常规的 TiO_2,其净化尾气中的硫的能力高出约 5 倍,并且在 7 h 后仍保持较高的催化效率。

意大利米兰的研究人员在城市道路上涂抹了一层含有 TiO_2 光催化材料的光催化涂料,经过数月的测试后,结果显示该光催化材料能将周围的有害气体 NO_2 分解转化为硝酸盐,同时将道路周围的污染指数降低了 60% 以上。

都雪静等人将纳米 TiO_2 掺杂在水泥块表面,观察了该材料对汽车尾气的净化效果。研究结果显示,在氙灯照射的条件下,该材料对 NO_x 的净化效率高达 83.92%。

日本也有将光催化技术应用于道路的实例。日本建造了一条能吸附氮氧化物的高速公路,这条公路在铺设时添加了纳米 TiO_2 光催化材料。卫生部门的测试结果显示,该公路对 NO_x 的净化效率达到 25% 以上。

杜红昭以纳米 TiO_2 为基体材料,利用 Fe^{3+} 进行掺杂改性,通过溶胶凝胶法制备了一种以 Al_2O_3 负载 Fe^{3+} 改性的 TiO_2 新型光催化材料,并将其制备成光催化涂料应用于隧道中。研究结果表明,该涂料对尾气中的一些有害成分具有良好的净化效果,其在 1 h 内对 NO_x 的净化效率达到了 45.5%。

沙爱民通过耦合和负载手段对光催化材料进行改性,然后用改性后的光催化材料制备了光催化涂层材料,并将其应用于汽车尾气排放严重的地区。与应用涂料之前相比,该区域的尾气浓度下降了 80%。

沈镇平将光催化材料纳米 TiO_2 喷洒在水泥道路表面,并观测周围 NO_x 浓度的变化。结果显示,这种催化剂对尾气中的 NO_x 的净化效率达到了 80%。

关强等人采用喷涂法将 TiO_2 渗入路面,研究结果显示喷涂区的 NO_x 浓度明显低于未喷涂区。

1.2.2　光催化在水泥混凝土路面中的应用

本文的研究旨在提高 TiO_2 光催化材料的催化效率,并将其应用于净化汽车尾气,以减少环境污染。国外已经有许多将纳米 TiO_2 应用于道路工程的实例,并对净化汽车尾气的效果进行实时监测。目前的研究主要集中在将光催化材料应用于水泥混凝土路面和沥青混凝土路面。其中,光催化材料在水泥混凝土中的应用方法包括以下 4 种。

（1）直接掺杂粉体法

将 TiO_2 粉体直接掺入水泥中,然后用这种水泥制成水泥混凝土路面的面层材料。该方法操作简单且实用性强。在太阳光的照射下,当尾气与潮湿的水泥混凝土路面接触时,光催化材料表面会生成具有氧化能力的基团,并将有害气体氧化,从而实现净化尾气的目的。

（2）光催化载体法

将混凝土中的集料作为载体，在其表面覆盖一层 TiO_2 薄膜，然后将带有光催化材料的载体用于混凝土路面的表层，使 TiO_2 薄膜暴露在路面上，从而制得具有光催化功能的混凝土路面。这种方法被称为光催化载体法，可以有效去除尾气中的有害成分。

（3）TiO_2 微粉掺入法

将 TiO_2 微粉掺入混凝土中，制备出透水性的混凝土路面，其中 TiO_2 的掺入深度为距离路面表面 7~8 mm，掺量在 50% 以下，以获得具有净化 NO_x 作用的光催化混凝土路面。许孝春等研究表明，在 1.5 L/min 的空气流速下，将含有 1×10^{-6} 浓度的 NO_x 的空气注入密闭容器，并使用 0.6 mW/cm² 的紫外线照射，可以达到 80% 的 NO_x 去除率。

（4）外部渗透法

外部渗透法是指在未凝固的水泥混凝土路面上喷洒一定量的纳米 TiO_2 浆液，当混凝土凝固时，纳米 TiO_2 将与路表面黏结。这种方法可以制得光催化路面，使大部分纳米 TiO_2 暴露于路表层且不易脱落，能够有效利用光照进行光催化反应。同时，尾气与 TiO_2 的接触面积更大，进一步提高了光催化效率。与其他方法相比，外部渗透法展示了卓越的光催化活性。

1.2.3　光催化在沥青混凝土路面中的应用

关于光催化应用在沥青混凝土路面建设中的研究十分广泛，应用方法包括以下4种。

（1）直接拌和法

直接拌和法是用 TiO_2 替代部分矿粉直接与混合料拌和，得到具有光催化效率的沥青混合料。TiO_2 光催化材料被包裹在沥青混合料中，阳光无法直接照射其中，因此确定其是否具有一定的光催化性能至关重要。魏鹏的研究表明，将 TiO_2 作为填料直接掺入混合料中需要较大的量，容易造成资源浪费和建设费用的增加。孙立军等人的研究发现，直接拌和法和混合料碾压后涂刷光催化材料的方法对 CO 和 HC 的降解效果相当，均优于碾压前涂刷。对于 NO 的降解效果，认为这三种方式相当。

（2）渗透法

将纳米 TiO_2 添加到渗透液中制成具有一定光催化效率的渗透液，喷涂在沥青路面结构上。由于渗透液具有一定的渗透能力，可以沿着路面的孔隙向下渗入，使纳米 TiO_2 分子与路面结合，并最终负载到道路固体表面。Chen 等人将纳米 TiO_2 掺入沥青中，通过混凝土的孔隙渗透，得到具有一定光催化效率的沥青混凝土，并研究了该沥青混凝土对 NO_x 的净化效率。

（3）铺洒法

该方法有两种铺洒方式：一种是在沥青混合料碾压前铺洒 TiO_2 光催化材料；另一种是在沥青混合料碾压一定次数后铺洒光催化材料，然后再进行碾压。孙立军等人研究了这两种方式对尾气的降解效果，研究表明，与涂刷后碾压相比，碾压后涂刷在 CO 和 HC 的降解方面效果更好，两者对 NO 的降解效果几乎没有差别。然而，在碾压过程中容易出现被车辆带走、遇水流失等问题，从而影响光催化效果。目前对铺洒法的研究较少，不清楚该方法对沥青混合料的黏附性、抗水冲刷和抗磨耗能力所带来的影响。

（4）浆料涂刷法

光催化在道路工程领域有多种应用方法，其中浆料涂刷法是目前最受欢迎的研究方法。杜红昭使用钛酸丁酯作为前驱体，冰醋酸作为水解抑制剂，乙醇作为溶剂，Fe^{3+} 作为改性剂，通过溶胶凝胶法制备了掺杂 Fe^{3+} 的纳米 TiO_2 粒子，并采用吸附性良好的 Al_2O_3 作为载体，在高温煅烧过程中制备了一种新型汽车尾气净化材料。将这种材料制成涂料，涂覆于有机玻璃板上进行光催化降解尾气的研究，结果表明其具有较好的催化效果。该方法已应用于隧道内，以达到降解隧道内尾气的目的。张文刚在研究中指出，常规的 TiO_2 涂料会降低路面的抗滑性和耐磨性，难以满足道路行车安全和耐久性的要求，因此不适用于降解尾气的路面。他提出了一种方法，即将一定质量的光催化材料与乳化沥青、水、添加剂、分散剂等按比例混合形成流动性乳液，然后将该乳液喷洒在路面上，形成具有光催化效率的薄层。

1.3　光催化材料分类

随着光催化剂向着多元化发展，不同的光催化剂也就慢慢地被发现了，发展方向也向贵金属催化剂、稀土元素光催化剂、ABO_3 型光催化剂、多孔型光催化剂方面发展。但是，还是有很多的问题没有得到完全解决，比如说光生空穴和光生电子容易复合的问题，不能充分利用光的所有波段等问题。再到后来，人们对光催化材料的研究也不局限于单一光催化剂，而是将两种、三种甚至多种性能互补的材料通过某一种方式结合起来，形成性能优异的复合型光催化剂，这也是目前研究的主流。

1.3.1　TiO_2 材料

TiO_2 材料在光催化领域具有重要地位，是最早被发现的一类光催化材料，属于过渡金属氧化物。将 TiO_2 材料纳米化可以得到纳米 TiO_2 材料，其存在锐钛矿、金红石和板钛矿三种形式。TiO_2 光催化材料具有较大的禁带宽度，三种形式的禁带宽度分别为 3.2 eV、3.02 eV 和 2.96 eV，仅对紫外光具有响应。因此，纳米 TiO_2 光催化材料主要在紫外光条件下对污染物进行净化反应,不能充分利用光的所有波段。此外,TiO_2 光催化材料存在光生电子和光生空穴容易复合的缺点。因此大多数研究旨在解决这两个问题。解决这两个问题的方法是利用禁带宽度小于 2.85 eV 的其他光催化材料。金红石型 TiO_2 是一种较为稳定的结构,并具有良好的电化学性能,因此研究中通常采用金红石型 TiO_2。许多研究采用掺杂改性的方法对 TiO_2 材料进行改进,如掺杂贵金属材料、稀土金属材料和其他过渡金属氧化物材料,形成具有相互促进作用的复合材料结构。TiO_2 型光催化材料大多适用于各种污染物的净化,主要在紫外光条件下进行,因此纳米 TiO_2 可以广泛应用于各种污染物的净化过程。

1.3.2　非钛基净化材料

目前,在非钛基材料中,应用较多的材料包括贵金属材料、稀土材料、ABO_3 钙钛矿结构材料和介孔材料。贵金属是非钛基材料中最早被用于净化的催化剂材料,并且被广泛使用。贵金属催化剂材料主要包括铂、铑、钯等元素,由于贵金属材料价格高于普通材料,因此研究人员也开发了稀土材料、ABO_3 钙钛矿结构催化剂和介孔材料催化剂等替代材料。举例来说,贵金属材料在与某些其他元素或极端条件相遇时容易失效,加之其昂贵的价格,不可能大规模应用。在贵金属之后,稀土金属逐渐应用于光催化领域,可用于净化各种污染物,如污水、废气和其他类型的污染物。稀土材料中有一部分是半导体材料,具有出色的光催化性能,对汽车尾气中的各个成分都有净化作用,尤其是像镧元素和铈元素等单钯型稀土催化剂,在极端条件下能保持较高的净化性能,然而当遇到铅或硫元素时,对尾气或其他污染物的净化效果可能会稍有降低。目前,对稀土元素的研究主要集中在解决光生电子和光生空穴容易复合的问题上。由于稀土材料对光的响应范围通常涵盖可见光范围,因此更多的研究致力于将已有的稀土材料拓展到更多领域。与稀土材料同时出现的是 ABO_3 钙钛矿结构催化剂,其中 A 代表稀土元素,B 代表过渡金属元素。这种材料是稀土材料的衍生物,同时也具备了部分过渡金属的优异特性。ABO_3 钙钛矿型催化剂包括单一型和掺杂改性型两种类型,稀土元素和过渡金属共同制备了许多种类的钙钛矿型催化剂,具有较好的污染物催化氧化活性。

1.3.3　半导体材料

尾气净化材料按照出现的先后顺序主要分为半导体材料和非半导体材料。许多材料是基于半导体材料衍生而来的,例如不同半导体材料之间的复合、半导体与其他稀土金属的复合、半导体材料与其他非金属元素的复合等。通过复合,这些材料的性能可以相互补充。接下来从半导体材料、固溶体材料以及铈基和铋基材料方面介绍尾气净化材料的原理和优缺点。

相对于其他材料,半导体材料具有重要优势,即可以利用光能来净化污染物。净化机理基于能带原理,反应过程如图 1.1 所示。半导体材料由导带、价带和禁带三部分组成。导带的能量较高,但没有电子;价带虽然有电子,但能量较低;二者之间的部分称为禁带。光照射会使价带中的电子获得能量,其中能量较高的光生电子能够跨越禁带到达导带,而在价带中会留下大量的空穴。导带中的电子和空穴具有较强的氧化性,与尾气污染物接触后,发生氧化还原反应,将污染物降解为无污染的盐类或其他物质。半导体中的空穴和电子具有强氧化性,随着电子的转移,半导体内部形成电动势,该电动势由光生电子 - 空穴对形成,导带电子的化学电势在 1~3.5 V 的范围内。如果光的能量小于半导体材料的禁带宽度,光生电子和光生空穴会在半导体内部发生复合。因此,要发生光催化反应,光的能量必须大于禁带宽度。

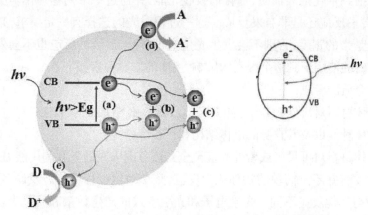

(a)光催化材料　(b)电子与空穴在内部复合　(c)电子与空穴在表面复合
(d)表面的电子发生反应　(e)空穴迁移到催化剂表面

图 1.1　半导体光催化材料净化机理

半导体材料具有广阔的应用前景,例如应用于废水处理和尾气净化等领域。半导体材料具有以下优点。

①制备工艺相对简单,原材料来源广泛且廉价;

②光催化反应利用太阳光发生反应,充分利用这一不枯竭的能源,不会对周围环境造成二次污染;

③制备出的材料具有广泛的应用范围。

基于以上优点,在道路尾气净化领域广泛应用半导体材料已成为趋势,经济且效果显著。然而,任何材料都不是完美的,半导体材料也有以下两个缺点。

①许多半导体材料的光响应范围仅限于紫外光条件下,不能在全光谱范围内进行净化反应;

②半导体材料内部的光生电子和光生空穴容易发生复合,只有少量的光生电子和空穴能够对污染物起作用,从而大大降低了净化效率。

目前,常用的半导体材料包括 TiO_2、CdS 等。尾气主要成分包括 NO_x、CO、CO_2 和 HC。不同的半导体材料在尾气净化中有不同的重点,一般半导体材料对 NO_x 具有较高的净化效率,而对于 HC 的净化较为困难,因此改善 HC 的净化效率成为未来研究的重点。氮氧化物对环境影响最大,也是主要的污染物之一。因此,本研究的重点是如何提高氮氧化物的净化效率,并在此基础上考虑 CO、CO_2 和 HC 等污染物的净化。

半导体材料具有以下特性:内部存在三个不连续的带,包括价带、导带和禁带。在电场作用下,半导体内部可以形成一个内部电场。在光的激发下,会产生光生电子和光生空穴。半导体内部导带电子的化学电势约为 +0.5~+1.5 V,而光生空穴的化学电势为 +1.0~+3.5 V,因此导带和价带都表现出很强的氧化性。目前,所有的半导体材料都是利用光来促进反应发生的。只有当光催化剂接触到光时,才能利用光能进行净化反应。光照射到催化剂表面时,催化剂吸收光能,并通过一系列物理化学反应利用光能,无论是自发反应还是非自发反应。这一过程对光的选择有一定要求,必须保证光的能量大于禁带的宽度,否则不会发生光生电子转移,后续的反应也不会发生。半导体光催化材料的使用受到多个因素的影响,主要的影响因素如下。

①反应介质的组成;

②半导体材料对污染物分子(如 HC、CO、CO_2 和 NO_x)的吸收性;

③半导体种类以及其自身的晶体结构和形貌等特性;

④半导体材料对可见光或紫外光甚至全光谱范围内光的吸收利用能力。

光催化反应并不是简单的物理化学反应,整个净化过程可能涉及许多连锁反应,其反应机理与其他反应不同。光生电子和光生空穴的产生数量和质量决定了净化速率的大小,整个过程非常复杂。另一方面,半导体内部原本存在的电势差是由光能维持的。当光生空穴和光生电子发生反应后,价带和导带之间的电势差会降低,光生电子数量的减少会导致半导体的净化速率降低。总的来说,如果电荷能够有效地分离,那么接下来的步骤可能会发生。

①光生空穴和光生电子在半导体材料内部或表面容易发生复合。光生空穴和光生电子的数量决定了污染物的净化效率。

②不同相之间可能发生结合现象。如果光生电子和光生空穴处于半导体材料内部的不同相中,也可能伴随着体相的复合。

③当尾气污染物与半导体材料接触后,CO、CO_2 和 NO_x 等分子会被光生电子和光生空穴捕捉。光催化反应会瞬间发生,光生电子和光生空穴所带的能量会释放出来,转化为光催化反应所需的动能,将污染物分子氧化还原为无污染的小分子或盐类。

1.3.4 固溶体材料

近年来,环境污染问题一直备受关注,固溶体材料也逐渐引起人们的重视,并被广泛应用于环境净化中。众多科研人员不懈努力,研究出了许多固溶体材料,主要通过开发新的制备方法和调整合成配方等进行研究。然而,目前仍存在许多缺陷。

　　固溶体材料的制备工艺主要包括水热法、微乳液法、均匀沉淀法、络合法、沉淀法和模板法等。每种工艺制备出的固溶体材料具有各自的特点,但也存在各自的缺点。而且,不同工艺制备的固溶体材料在形貌、尺寸、产率和成本方面存在很大差异。例如,水热法和均匀沉淀法相对容易得到不同形貌的粉体,但它们的制备条件复杂且产率很低;微乳液法和模板法可以制备出表面积较大的粉体,但制备过程需要严格控制原材料和条件,成本很高;沉淀法需要控制许多因素,操作难度极高,制备过程中需要使用表面活性剂或超声分散等手段,才能获得具有较大比表面积和良好分散性的固溶体粉末状材料,干燥和煅烧过程需要严密控制,以防发生团聚,整个过程需要在多个条件控制下完成,无法进行大规模生产;络合法则无需添加剂,制备的材料具有较轻的团聚程度和较大的比表面积等特点。

　　铈基固溶体材料在尾气净化中起着重要作用,这要归功于铈基材料自身的优异特性。由于铈原子的最外层电子排布为($4f^1\ 5d^1\ 6s^2$),因此铈原子存在三价和四价两种不同的价态,氧化铈能够在三价和四价之间转化,从而发生强烈的氧化还原反应。基于这种特性,氧化铈被广泛应用于汽车尾气催化剂领域。目前,铈基材料主要用于汽车排气筒的内部,在高温条件下进行净化反应,因为在高温下与污染物发生反应更容易一些。作为三元催化剂的助剂,铈氧化物的加入不仅能够提高光催化反应载体的机械强度和热稳定性,还能提高活性成分的性能。汽车行驶时,外部环境可能出现各种不同的行驶条件,尾气温度可能高于 850 ℃。当尾气排放到大气中时,温度会迅速降低,如果将氧化铈材料应用于不同温度下,反应过程也会有所不同。如果在载体上负载氧化铈和其他物质进行污染物净化,材料的生成过程对载体和其他物质的影响也很大。光催化剂材料通常是无机材料,涉及晶体的一些参数。加入氧化铈材料不仅可以控制载体和其他物质的晶体大小,还可以向其他物质的内部扩散,减少其他一些物质的用量,提高催化剂的净化效率,并降低部分成本。由于铈元素存在三价和四价两种价态,在特定条件下,三价和四价可以相互转化,形成优秀的三价和四价共存结构,晶格中会出现储存氧的现象。这种氧的释放有助于污染物的净化,并可以与贵金属材料如 Pt、Pd、Ag 和 Au 等结合,发挥各自的最大潜力。针对个别污染物来看,在载体上负载其他物质和氧化铈材料可以获得比单独使用氧化铈或其他材料更好的净化效果。

　　氧化铈的制备过程容易发生团聚,例如高温煅烧或者制备就会导致各个粒子之间发生团聚,比表面积也会急剧减小,具有净化能力的氧化铈就会变少。而氧化铈的储放氧能力与比表面积有很大的关系,进而导致净化效率比较低下。学者们通过大量的研究发现,可以利用复合技术往氧化铈材料中加入其他元素,比如在 CeO_2 中掺杂诸如 Zr^{4+}、La^{3+}、Ga^{3+} 和 Bi^{3+} 等,可同时抑制 CeO_2 在高温条件下容易发生团聚的性能和降低被还原温度。铋元素的加入,能够与铈元素形成固溶体或者异质 结材料,改善氧化铈材料的一些特性。Bi_2O_3 具有良好的光催化性能。

1.3.5　铈基与铋基材料

氧化铈材料广泛应用于化工行业,催化剂行业,玻璃、陶瓷等稀土材料行业。氧化铈是一种淡黄色的强氧化剂材料,不溶于水,在常温常压下熔点为 2 600 ℃,相对分子质量为 172.12,为无臭粉末。它在酸碱环境(除了硫酸)中能稳定存在,在过氧化氢的硝酸溶液中可溶解,并且与盐酸混合后能产生氯气。氧化铈是一种晶体,具有立方萤石结构,其化学性质随着 Ce 元素离子价态的变化而有很大差异。1984 年,Yao 等人将 CeO_2 应用于汽车尾气催化剂中,并引入了"储放氧性能(Oxygen Storage Capacity, OSC)"的概念。他们的研究表明,CeO_2 在还原条件下能释放出活跃的晶格氧,因此氧化铈材料是一种出色的储存氧的材料。然而,在高温条件下,氧化铈材料容易发生团聚,制备过程中必须经历煅烧环节,容易得到严重团聚的氧化铈材料。为改善团聚带来的影响,可以利用掺杂其他材料的方法。氧化铈材料具有优良的储氧特性,因此广泛应用于各种领域的催化反应中,主要得益于其能够随外界环境的变化而发生 Ce 元素三价和四价之间的转变。在汽车尾气净化领域,氧化铈材料起着重要作用。作为光催化材料的载体,氧化铈的结构、形貌和尺寸对净化效率有很大影响。氧化铈作为载体发挥两个作用:一是利用其优秀的储氧性能,提高氧化还原分子的活性;二是与其他材料结合后,能够扩散到其他材料内部,有利于其他材料的分散性和晶体结构的形成。此外,在道路工程中,涂料是广泛应用光催化材料的材料,如果氧化铈材料具有纳米级尺寸和较大的比表面积,可以解决涂层在对光的利用方面存在的问题,进一步提高光催化材料的净化效率。

当氧化铈材料受到光的照射以后,氧化铈材料的电子处于激发态,会从价带跳跃到导带上形成光生电子,留下的空穴形成光生空穴。光生空穴和光生电子会不停地运动,一部分运动到材料的表面,剩下的一部分停留在半导体材料内部。材料表面的光生空穴能够将 OH^- 生成具有强氧化性的·OH 自由基,材料表面的光生电子能够将尾气中的 O_2 氧化为 $\cdot O_2^-$,生成的·OH 自由基和 $\cdot O_2^-$ 能够与尾气中的污染物发生反应,生成 CO_2 和 H_2O 等无污染的物质。

氧化铈材料的广泛使用也有其不足之处,主要问题为当温度比较低的时候,氧化铈内部存在的氧空位的数量极速减少。为了改善这种问题,引进铋元素对材料 进行修饰,将过程简单化,降低反应的温度条件,不光是因为铋基材料比氧化铈常见,还因为铋元素有两个特点,一是原子半径比铈元素小,二是氧化铋具有净化的 作用。铋基材料是一种可选的优秀的材料。铋基材料主要包括卤氧化铋、钨酸铋和氧 化铋等材料,不同的材料制备工艺也不一样。氧化铋材料有四种晶相,包括单斜相 α-Bi_2O_3、四

方相 β-Bi_2O_3、体立方相 γ-Bi_2O_3 和面立方相 δ-Bi_2O_3,因此带隙宽度比较大,在光催化分解污染物方面具有卓越的性能。铋基材料获取比较容易,具有无毒且净化污染物效果比较好的特点,不仅在紫外光条件下能发生光催化反应,在可见光条件下也可以,因此铋基材料在光催化领域具有很大的潜力。

1.4　光催化净化尾气评价体系研究

国内外对光催化净化尾气评价系统进行了许多研究,采用的方法各不相同,但至今尚未有一套完整统一的设备检测方案。国外在此领域的研究较早,提出了多种评价方案。例如,英国的一所高校研发了一种尾气检测装置,能够在紫外光波段(200~270 nm)对尾气进行吸收,并能在汽车以 100 km/h 的速度下行驶的条件进行检测,实现了动态检测的功能。然而,该装置无法评价光催化材料对尾气净化的能力,因此在实验室中的应用受到限制。美国的一家公司开发了一款名为 P7510 的废气催化反应装置,该装置利用自身安装的陶瓷蜂窝载体检测尾气中各气体成分的浓度变化。通过将催化剂放置在载体上,尾气通过载体后各气体的浓度发生变化,比较催化前后的浓度变化,可以得出催化剂的效率。然而,该装置的缺点是没有光条件,因此受到使用范围的限制,无法评测光催化材料的净化效率。

国内也取得了许多评价净化尾气系统的研究成果。早在 20 世纪 70 年代,北京工业大学就建立了国内最先进的“环境催化研究室”,专注于有机废气和汽车尾气的催化研究。在“九五”期间,该研究室开发了一套高水平的装置,用于评价催化净化尾气效率。然而,该装置操作复杂,设备成本高,因此很难推广应用。中国台湾地区台湾科技大学的杨锦怀教授开发了一套完整的光触媒净化空气检测评价系统装置,该系统包括精密灵敏的传感器和数据采集设备等,使得研究达到了更高的技术水平。它能够很好地模拟实际环境条件下的催化反应,为实验室模拟光催化反应提供实际道路条件的基础,使测试结果更贴近实际情况。此外,东北林业大学的都雪静、韩相春等人也在净化尾气评价系统方面取得了一定成果,并自主研发了净化尾气设备。该设备的光催化反应室采用钢板制造,密封性良好且能承受较大压力。它通过将需要净化的尾气通入反应室,并通过多个传感器将各气体浓度变化的数据传送到计算机上进行绘图分析。

1.5　光催化涂料净化尾气研究

德国的 Sto AG 公司研发了一种室内净化空气光催化涂料,其主要成分为 TiO_2。通过光照,该涂料能将有害成分氧化为水和二氧化碳,有效地净化室内的有害气体。日本大日本涂料公司也开发了一种室内水性涂料,由于其特殊技术,该涂料具有较强的抗污能力,适用于人流量较大的地方,如学校和商场。

　　Isopyan 等人使用 TiO_2 粉末、氟树脂、偶联剂和甲苯溶剂等原材料,通过特定的混合方式制备了光催化涂层材料。其中, TiO_2 粉末在涂料体积中所占的百分比高达90%,因此在涂料均匀摊铺后, TiO_2 能够良好地暴露在表面层。这种方法不仅制备简便,而且能够实现较高的净化效率。

　　我国在光催化涂料的研究方面起步较晚,但一些国内高校和研究院等机构研制的涂层材料也具有高光催化效率,并且制备技术达到了先进水平。中国科学院和浙江大学等机构合作研发的纳米改性乳胶漆具有抗老化性、保色性和抗污抗冲刷等优点,得到了广泛认可,并在浙江省率先实现了涂料的产业化。

　　南京工业大学的蒋莉研究出一种溶剂型纳米 TiO_2 光催化涂料,并通过对光照时间、甲醛浓度以及涂料中 TiO_2 含量这三个方面的研究,评估了对甲醛净化效率的影响。实验结果显示,该涂料在 4 h 内对甲醛的净化效率最高可达 55.2%。此外,还对光催化涂料的基本性能进行了检测,结果表明涂料的基本性能符合相关国家标准。

　　目前,从城市到农村,全国范围内都面临着不同程度的霾污染。霾污染的根源有多个因素,包括汽车尾气、燃煤和工业废气等。其中,汽车尾气是霾污染的主要来源。据报道,以北京为例,汽车尾气、燃煤和工业废气分别对霾的贡献率为 22.2%、16.7%和 15.7%。因此,解决汽车尾气排放的污染是治理霾污染的首要任务。霾污染问题引起了广泛关注,研究人员从霾的成因入手,提出了多种防治措施,如提高能源利用率、减少颗粒物排放、发展清洁能源、控制机动车尾气排放量、控制施工地的扬尘污染以及增加绿地面积等。

第 2 章　汽车尾气净化途径与评价方法

TiO$_2$ 作为一种无毒、无害且价格低廉的半导体材料,在光催化领域得到了广泛应用。然而,纳米 TiO$_2$ 作为光催化材料也存在一些不足之处。例如,常用的锐钛矿型 TiO$_2$ 的禁带宽度为 3.2 eV,只能被波长小于或等于 387.5 nm 的紫外光激发,这在很大程度上限制了对太阳光的利用。此外,光波激发的电子和空穴之间易发生复合,降低了光催化效率。因此,有必要从纳米 TiO$_2$ 的光催化原理出发,研究微观结构并提出解决光催化效率不足的方案。

本文采用了基于课题组研究成果的测试评价体系,结合国内外对净化尾气的评价体系的研究现状进行了改进,旨在以简化繁、尽可能模拟实际道路环境。该系统主要由尾气排放设备(汽油发动机)、光催化净化装置以及检测设备组成,并通过软管将各个设备连接起来。

2.1　光催化性能的提高途径

2.1.1　一元 TiO$_2$ 半导体的光催化理论

2.1.1.1　TiO$_2$ 半导体的光催化原理

1995 年,Hoffmann 等人经过大量研究首次提出了 TiO$_2$ 光催化原理,这一原理的提出奠定了光催化研究与应用的理论基础。TiO$_2$ 是一种常用的半导体材料,其光催化原理基于半导体能带理论。TiO$_2$ 具有带隙结构,包括价带和导带之间的能量间隙。价带中填满了电子,导带中存在可移动的自由电子。当 TiO$_2$ 材料吸收光能时,能量被传递给材料中的电子,使其跃迁到导带中,形成光生电子和光生空穴。光生电子和光生空穴在带隙内移动,并迅速分离。由于 TiO$_2$ 的带隙较大,电子和空穴的分离程度较高,避免了它们重新复合。光生电子和光生空穴与吸附在 TiO$_2$ 表面或溶液中的氧分子或水分子发生反应,产生具有氧化或还原能力的活性物种,如羟基自由基($\cdot$OH)和超氧自由基($\cdot O_2^-$)。活性物种可以与污染物分子发生氧化、还原或降解等反应,将其转化为无害的产物,从而实现污染物的净化和降解。净化原理图如图 2.1 所示。

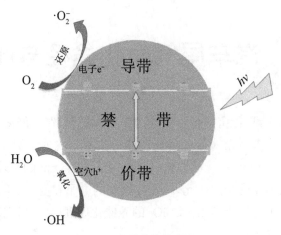

图 2.1 光催化净化原理图

2.1.1.2 TiO₂ 光催化性能的影响因素

影响 TiO_2 光催化性能的因素主要包括内部因素和外部因素。

1. 内部因素

内部因素大致可分为 4 类：TiO_2 粒径大小、晶相结构、结晶度和表面特性等。

（1）TiO_2 粒径大小

在一定程度上，TiO_2 粒径越小，其光催化性能越好。当 TiO_2 粒径减小时，同等质量的催化剂表面原子数相对增多，从而增加了具有催化活性的位点数量，提高了光催化效率。此外，随着 TiO_2 粒径的减小，颗粒的比表面积增大，增加了与被净化物接触的范围，进而提高了 TiO_2 的光催化效率。研究发现，TiO_2 纳米管具有高比表面积、良好的分散性和较高的产量等优点，因此备受众多研究者的青睐。

（2）TiO_2 晶相结构

①晶型结构。

TiO_2 的晶体结构有板钛矿型、金红石型和锐钛矿型三种。在自然界中，金红石型和锐钛矿型较为常见，而板钛矿型晶体结构较为罕见。金红石型 TiO_2 具有较高的热稳定性，而板钛矿型和锐钛矿型在加热到一定温度时会转变为金红石型晶型。无定形态的 TiO_2 不具备光催化活性。锐钛矿型 TiO_2 的禁带宽度大于金红石型，经光激发后生成的电子与空穴具有较强的氧化还原能力。同时，锐钛矿型 TiO_2 对氧气有较好的吸附能力，因此其光催化活性高于金红石型 TiO_2。

②晶格缺陷。

任何一种晶体都会存在结构上的缺陷，例如当其他元素掺入晶体时，就会形成杂质缺陷。研究表明，晶体中存在的结构缺陷会对光催化活性产生一定影响。例如，晶体中的氧空位缺陷可成为 H_2O 氧化成 H_2O_2 的反应中心。这是因为 Ti^{3+} 之间的键距

（0.259 nm）小于 Ti^{4+} 之间的键距（0.459 nm），使得吸附的活性羟基具有增强的反应活性。适量的缺陷可以捕获电子或空穴，抑制电子与空穴的复合，从而提高光催化活性。然而，过量的缺陷会降低光催化活性，因为大多数电子和空穴都集中在缺陷处，容易发生复合反应。

（3）TiO$_2$ 结晶度

通过不同温度的煅烧可以得到不同结晶度的 TiO$_2$。一般情况下，随着煅烧温度的升高，TiO$_2$ 的结晶度也会增加。TiO$_2$ 结晶度较低时，表面存在较多缺陷，导致电子与空穴的复合率增加，降低了 TiO$_2$ 的光催化活性。当 TiO$_2$ 无结晶度即为无定形态时，表面存在大量缺陷，无法展现光催化活性。相反，结晶度较高时，表面的缺陷较少，可以抑制电子和空穴的复合，从而提高光催化活性。当煅烧温度达到一定程度时，锐钛矿相转变为金红石相，导致光催化活性降低。研究发现，在某些温度下，锐钛矿相和金红石相可以共存，此时光催化活性比单一晶型的光催化活性更高。这是因为金红石型 TiO$_2$ 具有较窄的带隙，可以促进锐钛矿型 TiO$_2$ 中光生电子和空穴的分离，从而提高光催化活性。

（4）TiO$_2$ 表面特性

Heller 等人的研究表明，TiO$_2$ 的光催化活性随 Ti^{3+} 数量的增加而提高。此外，Campostrin 认为 TiO$_2$ 的光催化活性也会随着羟基数量的增加而提高。然而，有学者认为羟基和空穴会发生反应，形成电子与空穴的复合中心。孙奉玉的研究表明，只有在钛和羟基以一定比例存在时，TiO$_2$ 才能具有较强的吸光能力，并加速电子与空穴的分离。

2. 外部因素

影响 TiO$_2$ 光催化性能的外部因素主要包括以下 4 点。

（1）光照强度

光照强度增大，可以在一定程度上提高光催化效率。光催化反应依赖于光照条件，当光照强度大于光催化材料的带隙时，光催化材料内的电子被激发并发生跃迁，形成载流子移动到催化剂表面，从而在催化剂表面发生催化反应。因此，在一定强度的光照下，跃迁电子的数量随光子数的增加而增加，光催化效率也随之提高。孙立军等人和谭忆秋通过实验指出，在太阳光和黑暗条件下，光催化材料的催化效率明显不同。例如，在紫外灯下净化 NO$_x$，其净化效率高达 80%，而在黑暗条件下没有明显效果。

（2）温度

适宜的温度可以加快氧化还原反应，从而提高光催化效率。在一定的温度范围内，有害分子的运动状态随温度升高而更加活跃，因此有害分子扩散到 TiO$_2$ 表面的概率增大，能够有效提高净化效率。在净化有害分子的过程中，会产生不同的产物。在相同的温度下，产物分子会随着温度的升高而吸附在 TiO$_2$ 表面，进一步升高温度后，

产物分子会从 TiO_2 表面脱附,使 TiO_2 不容易失活。张文刚对纳米 TiO_2 在 10 ℃、25 ℃、40 ℃和 60 ℃下对 HC、NO 和 CO 的光催化效率进行了研究,结果表明温度对这三种有害气体的净化效率有很大影响。在 60 ℃下,TiO_2 对 CO、HC 和 NO 的净化效率分别是在 10 ℃时的 1.8 倍、2.1 倍和 2.2 倍,且平均净化速率随着温度升高而增加。

（3）湿度

水在光催化反应中起着重要作用。当催化剂受到光激发时,生成的空穴可以被水捕获,从而抑制电子与空穴的复合。同时,水的参与可以产生具有强氧化性的·OH,有利于氧化反应的进行。然而,过高或过低的空气湿度对光催化反应均不利。这是因为·OH 的数量随湿度降低而减少,导致氧化能力下降。当空气中的水分过多时,会占据催化剂表面的活性位点,影响光催化活性。Korologos 等人使用 P25、P25/Pt 和 P25/Ce 在不同湿度条件下催化降解乙苯,湿度范围为 0~26 000 μL/L。研究发现,空气中水分浓度越高,光催化反应速率越快。在 2 500 μL/L 的条件下,P25、P25/Pt 和 P25/Ce 对乙苯的光催化速率达到最大,并基本保持稳定。

（4）反应物浓度和空气流速

反应物浓度和空气流速直接影响尾气中污染物与路面表面 TiO_2 的活性位点的接触。当反应物浓度较低时,污染物的数量少于活性位点的数量,间接导致催化效率较低。随着浓度逐渐升高,催化效率会逐渐提高。然而,当浓度超过一定量时,污染物的数量多于活性位点的数量,催化效率达到最大。空气流速越快,光催化反应物之间的接触时间越短,从而降低光催化效率。

2.1.2　二元复合光催化技术

研究者针对一元 TiO_2 半导体光催化的不足提出了许多改进 TiO_2 光催化活性的方法,包括半导体复合、离子掺杂、贵金属沉积等二元复合形式。

（1）半导体复合

通过将满足一定条件（较窄的禁带宽度和较高的导带位置）的半导体与 TiO_2 进行复合,可以得到二元复合光催化材料,其光催化效率高于纳米 TiO_2 单一材料。当复合半导体的禁带宽度较窄时,与禁带宽度较宽的 TiO_2 结合,使 TiO_2 的光响应发生红移;当复合半导体的导带位置较高时,与 TiO_2 形成高低电势,加速电子与空穴的分离,可提高光催化效率。

Gopidas 等使用禁带较窄的 CdS 与半导体 TiO_2 进行复合,制备出 CdS/TiO_2 二元复合光催化材料。该光催化材料不仅有效地拓宽了光响应范围,同时加速了电子与空穴的分离,极大地提高了 TiO_2 的光催化效率。刘阳利用化学形貌冻结法在 WO_3/TiO_2 复合体外包裹一层 SiO_2,制备出具有纳米管状结构和高催化活性的复合体。这种复合

体是以 WO_3/TiO_2 纳米管为核心、SiO_2 为外壳的核壳结构复合纳米光催化材料。

（2）离子掺杂

①金属离子掺杂。

金属离子掺杂是一种有效的方法,可提高纳米 TiO_2 的光催化效率。该方法通过特定的制备方式和煅烧成型手段,将金属离子掺杂到 TiO_2 的晶格中,引起 TiO_2 晶格缺陷。这种缺陷能够促进电子与空穴的分离,提高光催化效率。金属离子掺杂还可能改变 TiO_2 的结晶度,使其吸光能力扩展到可见光区域。金属离子掺杂改性的方法主要包括贵金属离子、过渡金属离子和稀土离子掺杂等。Choi 等研究了大量金属离子对 TiO_2 的掺杂改性,并研究了改性后的 TiO_2 的光催化效率。研究结果表明,$0.1\%\sim0.5\%$ 的 Fe^{3+}、Mo^{5+}、Ru^{3+}、Os^{3+}、Re^{5+}、V^{4+} 和 Rh^{3+} 的掺杂能够促进光催化反应,而 Co^{3+} 和 Al^{3+} 的掺杂则会阻碍反应进行。

金属离子的掺杂改性可以拓宽光催化材料的光响应范围至可见光区,有效提高光催化效率。然而,这种方法对离子掺杂的浓度要求较高,只有在离子浓度达到最佳时,光催化材料才能发挥最高效率。因此,制备条件较为严格,不易推广应用。

②非金属离子掺杂

非金属离子掺杂有助于将纳米 TiO_2 光催化材料的催化活性扩展到可见光区,同时不影响其紫外光下的催化性能。目前常用的非金属掺杂元素包括氮（N）和碳（C）,还包括氟（F）、氯（Cl）、溴（Br）和硫（S）等元素。Asahi 等最早研究了非金属元素氮对 TiO_2 的掺杂改性,发现氮的掺杂使得 TiO_2 在可见光区具有光催化活性。这项研究结果引起了国内外许多学者的关注,并引起了对氮掺杂改性的研究热潮。通过碳元素掺杂 TiO_2 实现催化剂的可见光催化活性提升也取得了成果。此外,利用硫、氟、氯、溴等元素掺杂实现 TiO_2 可见光催化活性提升的报道也屡见不鲜。

尽管非金属元素掺杂可以将纳米 TiO_2 的光响应范围扩展到可见光区,但其在可见光区的吸收系数仍然较小,总吸收率较低,对可见光的利用仍然受限。

（3）贵金属沉积

贵金属沉积是二元复合的一种形式。当贵金属沉积在 TiO_2 表面时,形成原子团簇,改变了 TiO_2 中原有的电子分布规律,可以有效地俘获受激发而产生的电子,促进电子与空穴的分离。此外,TiO_2 的费米能级较高,而贵金属则相反。当贵金属掺杂到 TiO_2 表面后,电子就会从 TiO_2 上转移到贵金属上。当二者的费米能级达到一致时,电子转移停止,进一步加速了电子与空穴的分离。

2.1.3 二元复合光催化应用研究

目前,对二元复合光催化的研究是最广泛且最深入的。虽然一元 TiO_2 半导体表现出比其他催化剂更优越的性能,但仍存在两个原因导致其光催化效果无法达到人们的期望。首先是光吸收波长范围狭窄。众所周知,锐钛矿相 TiO_2 的禁带宽度为 3.2 eV,而金红石相仅为 3.0 eV,这意味着它们只能被波长等于或小于 387 nm 和 410 nm 的光激发。而这些波长的光主要来自太阳光中的紫外光区,而紫外光占太阳光的 4% 以下。其次是光生电子和空穴的高复合率。一元 TiO_2 半导体光催化材料的量子产率不到 4%,这极大地影响了其光催化效率。为解决这些问题,当前的二元复合研究主要集中在两个方面:一是通过拓宽光响应范围来提高光催化效率,二是通过抑制光生电子与空穴的复合来提高光催化效率。这些研究主要应用于以下 3 个领域。

（1）光解水研究

吴玉琪采用 P25 型 TiO_2 和 $Co(NO_3)_2 \cdot 6H_2O$ 为原料,制备了不同 Co 掺量的 CoO_x/TiO_2 复合光催化材料,并研究了 CoO_x 对 P25 水解效率的影响。实验结果表明,适量的 CoO_x 掺杂能有效提高 TiO_2 的水解效率,当 CoO_x 掺量达到最佳值时,水解效率显著提高。此外,研究者还发现,在一定温度下煅烧光催化材料有助于提高电流响应强度,促进水解反应进行。这是因为在特定条件下,光催化材料表面形成了大量具有水解活性的物质。然而,过量的这种活性物质会影响光催化材料的吸光能力,增加电子与空穴的复合概率,从而影响光解水的效率。

Bandara 等通过在 TiO_2 上浸渍 $Cu(NO_3)_2$,并经过热分解,制备了 p-n 复合型光催化材料 $CuO-TiO_2$。将 $CuO-TiO_2$ 置于 125 W 高压汞灯下进行光解水实验,结果显示,纯 TiO_2 的产氢速率为 0.63 mL/h,而 CuO 本身没有光解水的能力。当在 TiO_2 上浸渍适量的 CuO 时,光解水的产氢速率可高达 20 mL/h。此外,研究者认为催化剂晶粒尺寸随着煅烧温度的增加而增大,导致晶粒比表面积减小,从而降低光催化活性。

（2）水污染净化研究

人类离不开水,近年来水资源的污染问题越来越严重,对人类生活产生了巨大影响。受污染的水中含有各种有害成分,这些成分进入人体后会引发各种疾病,例如长期饮用污染水可增加患胃癌和肝癌的风险。此外,水污染还严重影响工农业发展,使用受污染水的工农业产品质量无法保证,从而导致经济损失。同时,动植物在受污染的水环境下难以生存,许多生物已因水污染而死亡,自然环境的平衡受到严重威胁。水污染是一个全球性问题,目前我国对水污染处理的效果还不够理想,需要进一步提高处理技术。

赵德明等通过在纳米 TiO_2 中掺杂金属离子 Fe^{3+},研究了 TiO_2 和 Fe^{3+} 改性 TiO_2 对氯苯酚的净化效率。实验中控制的变量包括氯苯酚浓度、光催化材料使用量、氧气浓度和光照强度等。研究发现,氧气浓度、光催化材料使用量和光照强度对光催化净化效率有显著影响,Fe^{3+} 改性 TiO_2 光催化材料对氯苯酚的净化效率远高于单一的纳米 TiO_2。

陈晓霞等以钛酸丁酯为原料,利用锆对 TiO_2 进行掺杂改性,经过煅烧、研磨等技

术制备出 Pr^{3+}-TiO_2 光催化材料粉末,并使用该材料对邻硝基苯酚进行光催化净化效率研究。结果显示,镨的掺杂使 TiO_2 对邻硝基苯酚的净化效率显著提高,其中在 TiO_2 中掺入 0.5%(摩尔比)的 Pr^{3+} 时,Pr^{3+}-TiO_2 光催化材料对邻硝基苯酚的净化效率达到最高。研究者在控制变量(邻硝基苯酚的浓度和 Pr^{3+}-TiO_2 光催化材料使用量)时发现,在高压汞灯的条件下,最佳情况下邻硝基苯酚浓度为 50 mg/L,Pr^{3+}-TiO_2 光催化材料使用量为 1.0 g/L。

(3)空气污染净化研究

空气是人类生存的基本条件,然而空气中存在多种有害气体,会对人体健康产生不利影响。目前存在许多净化空气的方法,但由于净化条件的限制,许多方案难以有效实施。随着 TiO_2 光催化技术的发展,研究者们利用 TiO_2 的强氧化能力来净化空气中的有害气体,并取得了良好效果。光催化净化空气是将空气中的有害气体氧化还原为无害的小分子和矿物质,生成物不会对环境造成二次污染。此外,光催化技术具有催化方案简单、易于操控和成本低等优点,在环境净化领域为 TiO_2 光催化技术开辟了新的途径。

在张秀坤等人的研究中,使用 Ag 掺杂改性的纳米 TiO_2 制备出 Ag/TiO_2 复合光催化材料,并制作了光催化涂料。该涂料在可见光下对有机物具有较高的净化效率。例如,对苯和甲醛的净化效率,在 24 h 内分别达到了 69.1% 和 71.1%。此外,A o C H 等人制备了 TiO_2/AC 复合光催化材料,并研究了该材料在不同波长紫外光下对 NO_x 的净化效率。结果显示,TiO_2/AC 复合光催化材料在短波紫外光下的净化效率高于长波紫外光。黄海燕研制了 TiO_2/VACF 光催化材料,并在空气净化器中研究了该材料对甲醛的净化效率。实验中将紫外灯的功率设为变量,在实验过程中,功率从 20 W 变化到 61 W。研究结果显示,TiO_2/VACF 光催化材料对甲醛的净化效率随着紫外灯功率的增加而提高。

2.1.4 三元复合光催化技术

刘阳利用"化学形貌冻结法"在 WO_3/TiO_2 复合体外包裹一层 SiO_2,制备出一种以 WO_3/TiO_2 纳米管为核、SiO_2 为壳的核壳结构三元复合体光催化材料。采用纳米管形式的 TiO_2 具有比表面积大、分散性好和高产量等优点,有利于光催化反应和大规模生产。WO_3 和 TiO_2-NTs 的价带和导带能级位置存在差异,当适量的 WO_3 与 TiO_2-NTs 复合时,TiO_2-NTs 导带上的电子转移到能级较低的 WO_3 导带上,而空穴聚集在能级较高的 TiO_2-NTs 价带上,从而促进了电子和空穴的分离。此外,WO_3 的掺杂使 TiO_2-NTs 对光的吸收从紫外光区域红移到可见光区域,提高了对太阳光的利用率。

Shen 等人通过一定的技术方法制备了 Ag/Ag_3PO_4/g-C_3N_4 三元复合光催化材料,并对该光催化材料的活性进行了研究。研究表明,该光催化材料的催化活性高于单一

的 Ag_3PO_4 和 $Ag_3PO_4/g-C_3N_4$ 二元复合光催化材料。研究认为，纳米 Ag 粒子受到可见光的激发而生成等离子体，这些等离子体在 Ag_3PO_4 表面发生共振效应。此外，Ag_3PO_4 与 $g-C_3N_4$ 的复合形成了类似异质结构的形貌，该结构有效提高了 $Ag/Ag_3PO_4/g-C_3N_4$ 的光催化活性。

郭莉等人利用光还原技术将 Ag 掺杂到 WO_3/TiO_2 二元复合光催化材料表面，制备出 $Ag/WO_3/TiO_2$ 三元复合光催化材料。经 XRD 分析显示，光催化材料中的 TiO_2 为锐钛矿型，WO_3 的掺杂使得 TiO_2 的特征衍射峰变宽且峰值降低。紫外 - 可见光反射光谱表明，Ag 的掺杂进一步增强了光催化材料在紫外光区的吸光能力，并扩展了催化剂的光响应范围，使其能够吸收利用 400~700 nm 的可见光，从而显著提高了光催化效率。

邱月采用液相沉积法、光还原法和金属有机物分解法，设计制备了基于 Z 体系的、具有紫外及可见光响应的 $TiO_2-Pt-BiVO_4$ 三元复合膜催化剂，并进行了表征。研究结果表明，复合催化剂中的 TiO_2 为锐钛矿相，Pt 为金属态，$BiVO_4$ 为单斜白钨矿相。与纯 TiO_2 相比，该复合催化剂在可见光区的吸收明显增强，并且光响应范围发生了明显的红移。此外，对 $TiO_2-Pt-BiVO_4$ 三元复合膜催化剂进行三次循环使用后，仍具有较高的污染物净化效率，表明该光催化材料具有良好的循环再生和重复净化性能。

三元复合光催化材料能够有效解决二元复合光催化材料的不足之处。首先，三元复合材料能够同时响应可见光并高效地促进光生电子与光生空穴的分离；其次，三元复合光催化材料具有高催化活性，能够有效净化污染物，因此有望解决现实生活中的汽车尾气污染问题。

2.2 光催化材料的微观结构表征

光催化材料的性能取决于其内部结构和元素组成的特点。为了研究内部结构和元素组成对光催化材料效率的影响，本文采用了扫描电子显微镜（SEM）、能量色散 X 射线谱（EDS）、X 射线衍射（XRD）、红外分析（IR）和紫外 - 可见光反射光谱（UV-Vis）等方法对光催化材料的内部结构形貌和微观特性进行了详细研究和分析。

2.2.1 结构形貌与元素组成

材料的结构形貌和元素组成直接影响其性能。研究材料的结构形貌和元素组成有助于了解其性能特征，并可通过微观调控改善材料性能。扫描电子显微镜利用二次成像技术展示样品表面的形貌特征，可以直观地观察材料的微观结构。能量色散 X 射线谱可分析材料的元素成分和含量，不同元素具有特定的 X 射线特征波长，当材料发生电子跃迁时，会释放出不同特征能量 ΔE，而这些特征能量对应不同的特征波长，通过能谱仪可以检测并分析出材料的元素组成。

本文采用型号为 Zeiss GeminiSEM 500 的全功能场发射扫描电子显微镜进行材料的微观形貌观察和元素组成分析。

2.2.2　X 射线衍射分析

不同的晶体物质具有不同的晶体结构,包括点阵类型和晶面间距等。当试样受到 X 射线激发时,会产生二次荧光 X 射线,并根据布拉格定律在晶面上发生反射。通过分析反射的出射射线,可以研究试样的结构。不同晶面反射发生的衍射角位置不同,通过检测衍射角位置可以进行定性分析,而峰值强度的检测可以进行定量分析。峰值强度随着衍射角的变化而变化,通过这种变化可以分析晶粒的尺寸。

本文采用 Bruker AXS 公司生产的 D8 ADVANCE 型 X 射线衍射仪进行分析。测试条件为步进制,每步 $0.02°$,间隔 $0.1\ s$,水平速率扫描,扫描范围为 $10°\sim80°$。

2.2.3　红外光谱分析

物质分子在平衡位置附近不断振动和旋转,与红外光的量子能量相对应。当分子的振动状态发生变化时,所发射的红外光谱也相应改变。通过红外光谱分析,可以研究分子的官能团和化学键,有助于在微观层面上了解材料因不同的官能团或化学键而具有的特殊性质。

本文所使用的仪器是由 Thermo Fisher Scientific 公司生产的 Nicolet Is10 型傅里叶变换红外光谱仪,光谱测试范围为 $7\ 800\sim350\ cm^{-1}$,光谱分辨率优于 $0.4\ cm^{-1}$,波数精度为 $0.01\ cm^{-1}$。

2.2.4　紫外 - 可见光反射分析

在光的照射下,材料内部的电子会被激发并发生跃迁。不同结构的材料具有不同的电子跃迁方式,并对应不同波长的光,这在光谱中形成具有特定峰值的图谱。通过分析图谱的变化,可以判断材料对光的反射(吸收)情况。通过紫外 - 可见光反射分析,可以了解光催化材料在不同光区的反射能力,间接反映出对不同光区的吸收能力。

本文采用 PerkinElmer 公司生产的 PE Lambda950 紫外 - 可见 - 近红外分光光度计进行检测分析。测试扫描范围为 $200\sim800\ nm$,紫外和可见光区的波长准确度为 $\pm0.8\ nm$。

2.3　尾气净化系统

2.3.1　净化指标

尾气净化系统是评估光催化净化效率的重要组成部分,只有通过一套完整的净化方案,才能更好地评估光催化材料的净化效率。尾气中的各种气体成分对人体健康有害,并且会对大气环境造成污染。本文采用的净化气体包括 HC、NO_x、CO 和 CO_2,这些气体很容易在空气中扩散,因此需要在一个密封的环境中进行净化实验。此外,由于这些气体具有不同的分子质量,它们在有限的空间中分布不均,有时会出现静止分层现象,这不符合大气中气体流动的规律,也不利于光催化净化实验的进行。此外,光催化净化实验所需的条件应由系统自身提供,而不受外界环境的影响。基于这些要求,我们提出以下净化指标。

①尾气排放设备排出的气体成分应满足测试实验的要求;

②尾气收集箱必须具备良好的密封性,不能出现气体泄漏现象;

③在实验过程中禁止出现尾气收集箱内部与外界气体交换的情况,尾气收集箱的材料应选用惰性材料,避免光催化材料被吸附或影响(阻碍)光催化反应,以确保光催化材料的净化效率不受影响;

④光催化净化装置中应包含能够使气体流动的设备,避免气体静止分层现象;

⑤检测设备必须能够准确检测所需净化的尾气成分,具备高精度和高灵敏度,并且检测时间要能持续到实验完成;

⑥净化系统自身应配备所需的光源,并且配备可阻止外界光源影响的黑色布罩或其他设备;

⑦整套净化系统应满足不受外界风、雨、光等条件影响的要求,并能够持续提供稳定的实验环境。

2.3.2　净化设备

2.3.2.1　尾气排放设备

许多研究人员选择储气罐作为尾气排放设备,因为储气罐与光催化净化装置连接简单,可以控制气体充入收集箱内的流速和浓度,操作简便且具有较强的可控性。然而,储气罐内的气体成分单一,不符合汽车尾气的复杂成分,并且在光催化反应过程中,各种成分之间会相互影响。例如,CO 氧化生成 CO_2,而 CO_2 既是反应物又是生成物。当 CO_2 的净化效率较高时,会促进 CO 的净化;净化效率较低时则相反。此外,储气罐价格昂贵,在本实验中,气体利用次数较少,而在反复净化的实验中,需要大量的尾气来源。因此,本文考虑到实际道路中的尾气排放成分以及经济因素,选择了汽油发动机作为尾气排放设备。

2.3.2.2　光催化净化装置

净化装置是光催化材料将有害气体净化为无害产物的场所,要求具备完全密封性。本文的净化装置主要包括尾气收集箱、光源和排风设备等组成部分。

（1）尾气收集箱

收集箱的作用是将需要净化的尾气收集起来,在箱内进行光催化反应,并防止与外界气体交换,箱体材料本身不参与光催化反应。本文使用的收集箱厚度为 15 mm,尺寸为长 680 mm、宽 530 mm、高 530 mm。收集箱采用有机玻璃材料制成,玻璃接缝处采用玻璃胶黏结。为增强收集箱的抗压能力,在箱体的四周黏结处嵌入螺丝钉。箱内底部设有边长为 340 mm 的正方形测试平台,方便催化剂的存放,并在收集箱侧壁上设有半径为 170 mm 的圆形开口。图 2.2 展示了尾气收集箱的结构。

图 2.2　尾气收集箱

（2）光源

光催化反应离不开光源,太阳光中包含波长为 10~400 nm 的紫外光、400~760 nm 的可见光以及 760 nm~1 mm 的红外线,而 TiO_2 的光响应范围在紫外光区。本文采用复合其他材料的方式来拓宽 TiO_2 的光响应范围,因此需要选择不同种类的光源。在光催化实验中,使用了功率为 20 W、波长为 287.5 nm 的紫外灯,并配备白炽灯来模拟可见光,以探究光催化材料在紫外灯或白炽灯下对尾气的净化效率。

（3）排风设备

如前所述,尾气中的各种成分具有不同的分子质量,导致在密封的收集箱中出现分层现象。这不符合实际道路中空气的流动规律,也不利于光催化反应的进行。为解决这个问题,本文在收集箱内安装了一台小型风扇作为排风设备。在密封收集箱之前,启动风扇使各成分气体充分混合并保持流动状态,进一步模拟实际道路中的光催化情况。

2.3.2.3　检测设备

本文使用的尾气成分浓度检测设备包括 NHA-506 尾气分析仪和便携式二氧化氮检测仪。尾气分析仪可检测 HC、NO、CO、CO_2 的浓度,而二氧化氮检测仪可检测 NO_2 的浓度。

尾气分析仪通过软管与收集箱连接,自带气泵将收集箱内的气体抽入分析仪中,传感器将分析的气体浓度数据传送到显示屏上。

二氧化氮检测仪放置在收集箱内,在密封收集箱之前启动检测仪的电源。该检测仪与尾气分析仪原理相同,通过内置气泵将气体抽入检测仪中,然后传感器将 NO_x 浓度数据传送到显示屏上。图 2.3 展示了便携式二氧化氮检测仪。

图 2.3　便携式二氧化氮检测仪

2.3.3　净化装置连接

尾气排放设备、光催化净化装置和检测设备组成了净化系统,整套系统需要保持密封,防止气体泄漏。现在对它们的连接进行详细说明。

①在尾气收集箱的左侧下部有一个进气口,需要使用软管将进气口与汽油发动机的排气口连接,确保软管与进气口连接处没有气体泄漏。在启动发动机之前,打开进气口处的阀门,待尾气浓度达到一定范围后,关闭进气口阀门。

②尾气收集箱的右侧上部和中部各有一个出气口。其中,上部出气口在充气阶段处于关闭状态,在收集箱内的气体浓度过高时打开,用于调节气体浓度的变化,或者在

测试完成后打开阀门,以平衡箱内外的压力。下部出气口通过软管与尾气分析仪连接,连接处设有阀门。进行检测时打开阀门,读取数据后关闭阀门。尾气净化装置的具体连接如图 2.4 所示。

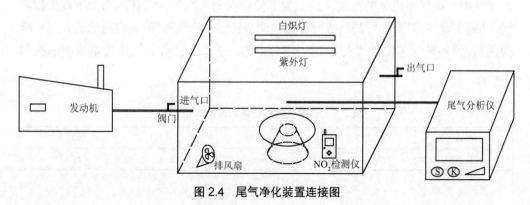

图 2.4　尾气净化装置连接图

2.3.4　尾气净化效率评价指标

评估光催化材料对污染物的净化效果通常使用净化效率作为指标。目前,评价光催化效率多采用以下公式进行计算:

净化效率 =(初始浓度值 - 规定时间后的浓度值)/ 初始浓度值 × 100%

2.4　尾气净化设计方案

2.4.1　样品制备

为了使气体与光催化材料充分接触以发生光催化反应,在制备测试样品时需要确保光催化材料的均匀分布,以增大它们之间的接触面积。本文使用了 4 g 光催化材料,并将其均匀撒布在尺寸为 210 mm × 297 mm 的 A4 纸上,如图 2.5 所示。

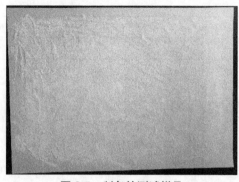

图 2.5　制备的测试样品

2.4.2   尾气的初始浓度控制

在向气体收集箱内充入尾气时,由于发动机的转速和充气时间的差异,导致充入的尾气中各种气体成分的浓度不同。为了使每次充入的各种气体的初始浓度大致相同,以减小误差,需要进行初始浓度控制。调节转速和充气时间,并进行大量充气实验的探索,使各种气体的浓度控制在一定范围内。表 2.1 显示了气体初始浓度的控制范围。

表 2.1   各种气体的初始浓度控制范围

气体	HC(10^{-6})	NO_x(10^{-6})	CO(%)	CO_2(%)
浓度范围	400~500	45~60	1.5~3.0	5.0~7.0

2.4.3   净化体系误差标定

净化系统通过尾气收集箱收集汽车尾气,并在浓度稳定后使用尾气检测设备进行测试。当尾气检测设备对各种气体进行检测时,需要将收集箱内的气体抽入分析仪中进行检测,然后将抽出的气体排放到空气中,导致收集箱内各种气体的浓度下降。如果不消除这种系统误差,就会出现净化尾气效果偏低的情况,严重影响对光催化材料净化尾气效率的评估。因此,必须对这种系统误差进行分析和标定,以减小或消除这种误差。

系统误差的标定方法是进行大量的空白样本实验(每次实验的初始浓度均在要求范围内),计算出每组空白样本中各种气体浓度的变化量,并求出这几组空白样本中各种气体浓度变化量的平均值,该平均值即为 60 min 内的系统误差补偿值。本文经过空白实验计算,得出如表 2.2 所示的标定参数。

表 2.2   净化系统误差标定参数

尾气类型	CH	NO_x	CO	CO_2
标定参数单位	%/10 min	%/10 min	10^{-6}/10 min	10^{-6}/10 min
补偿数值	9	2	0.03	0.08

2.4.4   净化实验步骤

（1）检查实验设备

按照仪器要求对尾气测试设备进行开机前的检查,并检查尾气收集箱的密封性是否完好。通过检查后,进行下一步操作。

（2）调试尾气检测设备

接通尾气检测设备的电源,进行预热处理。尾气分析仪预热处理 10 min, NO_2 检测仪预热处理 100 s。预热完成后,将检测设备调至所需的测试界面,准备进行实验。

（3）连接尾气净化系统

使用软管将汽油发动机的排气口与尾气收集箱左侧的进气口连接。将尾气收集箱右侧下部的出气口通过空气滤芯与尾气分析仪连接。将通过检查的 NO_2 检测仪放入收集箱中,并打开箱内的小风扇。

（4）放入光催化材料

将待测试的光催化材料放入尾气收集箱内的测试平台上,并均匀摊平。将收集箱密封好,准备进行下一步实验。

（5）在尾气收集箱上盖上黑色布罩

为避免外界光照的影响,将准备好的黑色布罩盖在尾气收集箱上。在此状态下,光催化材料不会发生光催化净化反应。

（6）充入汽油发动机尾气

打开尾气收集箱进气口的阀门,启动汽油发动机进行充气。以一定的转速维持一段时间后,关闭进气口阀门,并打开连接检测仪的阀门。启动尾气分析仪,检测箱内各种气体浓度是否达到要求。如果浓度均达到要求,进行下一步实验;如果未达到要求,则采取适当措施进行调整,直至各种气体浓度均达到要求为止。

（7）测试、记录数据

完成以上步骤后,开始记录尾气收集箱内需要检测的几种气体的初始浓度。确保实验不受外界光照的影响,打开箱内所需的光源。随后,每隔 10 min 进行一次检测,并记录数据。在每次检测完成后,调零分析仪上显示的数据,等待下一次检测。

（8）实验后整理

完成 60 min 的测试后,打开进气口和出气口的阀门进行排气,关闭光源。待箱内压强稳定后,打开箱盖,取出光催化材料。等尾气收集箱内的气体完全散去后,重复以上操作进行下一个样品的测试。若所有测试都完成,取出 NO_2 检测仪,并关闭所有电源。

第 3 章　纳米 TiO_2 光催化材料的制备及表征分析

纳米 TiO_2 光催化材料在光催化领域占据着核心地位,许多学者对其进行了深入研究。制备纳米 TiO_2 的方法包括固相法、液相法、气相法等,每种方法都有其优缺点。在制备过程中,每个步骤都对 TiO_2 的性能产生影响,因此按照步骤和实验要求严格制备是实验成功的关键。本文采用几种表征方法对纳米 TiO_2 进行微观研究,分析其结构、元素组成和结晶状态等基本性能。

3.1　原材料及仪器

本章实验主要原材料及所需仪器如表 3.1 和表 3.2 所示。

表 3.1　实验试剂

试剂名称	规格	厂家
钛酸丁酯	AR	天津市科密欧化学试剂有限公司
无水乙醇	AR	西安化学试剂厂
冰乙酸	AR	天津市东丽区天大化工试剂厂
去离子水	AR	自制蒸馏水

表 3.2　实验仪器

名称	型号	厂家
数显恒温磁力搅拌器	85-2	上海浦东物理光学仪器厂
电子天平	FA2004B	上海精科天美科学仪器有限公司
电热鼓风干燥箱	101-2 A	北京科伟永兴仪器有限公司
箱式电阻炉	SX-4-10	北京科伟永兴仪器有限公司
精密增力电动搅拌器	JJ-1	上海帅登仪器有限公司
行星球磨机	YXQM-0.4 L	长沙半菲仪器设备有限公司

3.2　纳米 TiO$_2$ 光催化材料的制备

在常温下,取 20.0 mL 钛酸丁酯溶于适量无水乙醇中,搅拌 10 min 后得到黄色透明的溶液 A。将 30.0 mL 无水乙醇、20.0 mL 冰乙酸和一定量去离子水混合,搅拌均匀得到溶液 B。在强力搅拌下,逐滴将溶液 A 加入溶液 B 中,形成均匀的溶液,连续搅拌 1 h 后得到浅黄色透明的凝胶(如图 3.1 所示)。将凝胶在恒温环境下静置 12 h,形成固态凝胶(如图 3.2 所示),然后将固态凝胶进行真空干燥,得到干燥的纳米 TiO$_2$ 颗粒。待颗粒冷却至室温后进行研磨,最后在高温下煅烧 2~4 h,即可得到所需的纳米 TiO$_2$ 粉末。

 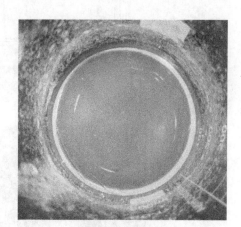

图 3.1　透明凝胶　　　　　　　　　　图 3.2　固态凝胶

3.3　元素组成分析

利用 EDS 有助于了解材料的元素组成。图 3.3 展示了经高温煅烧后的纳米 TiO$_2$ 的 EDS 图谱。

从图 3.3 可以观察到,采用溶胶 - 凝胶法制备的纳米 TiO$_2$ 主要含有 Ti 和 O 两种元素,其质量分数分别为 58.17% 和 41.83%。经过计算,它们的摩尔比约为 0.465,接近于 0.5。这表明 Ti 元素略有质量损失,可能是因为在制备过程中, Ti 元素在制备容器上沉积或黏结导致了 Ti 元素的质量减少。

3.4　微观形貌分析

通过 SEM,可以分析纳米 TiO$_2$ 的微观形貌特征和粒径大小。图 3.4 展示了经过高温煅烧后的纳米 TiO$_2$ 的 SEM 图像。

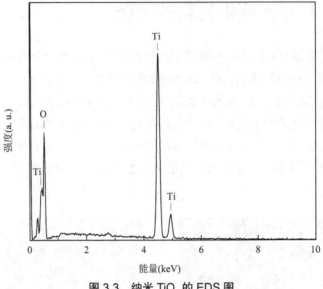

图 3.3　纳米 TiO$_2$ 的 EDS 图

图 3.4　纳米 TiO$_2$ 的 SEM 图

从图 3.4 可以观察到,纳米 TiO$_2$ 颗粒呈椭球状,粒子之间连接紧密,形成具有三维结构的空间形态。这些颗粒分布均匀,且粒径大小较为一致。据估算,平均粒径为 17.86 nm。

3.5　X 射线衍射分析

图 3.5 展示了纳米 TiO$_2$ 的 XRD 图谱。从图 3.5 可以观察到,经过 500 ℃煅烧后,纳米 TiO$_2$ 呈现出锐钛矿相的晶型,并且显示出多个晶面的衍射峰。通过分析 XRD 图

谱和衍射峰的数据,可以使用德拜 - 谢乐公式计算纳米 TiO_2 的晶粒尺寸。该公式适用于尺寸在 1~100 nm 范围内的晶粒,其中晶粒尺寸为 30 nm 时的计算结果最为准确。本文计算得到纳米 TiO_2 的晶粒尺寸如下:

$$D = \frac{K\gamma}{B\cos\theta} \tag{3-1}$$

计算结果显示,本文制备的纳米 TiO_2 平均晶粒尺寸为 14.36 nm,与通过 SEM 估算的平均粒径 17.86 nm 相差不大,表明该材料处于纳米级别。

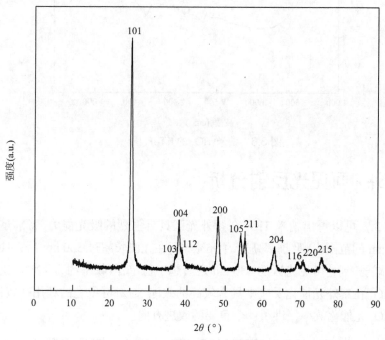

图 3.5　纳米 TiO_2 的 XRD 图

3.6　红外光谱分析

图 3.6 为 500 ℃煅烧后的纳米 TiO_2 的 FT-IR 图。可以看出,在 3 400 cm^{-1} 附近出现羟基官能团伸缩振动引起的特征吸收峰,这是由 TiO_2 表面吸附水产生的 Ti-OH;在 2 000~2 400 cm^{-1} 出现较多的吸收峰,分析为在制备过程中,由杂质或是由原料未反应彻底而引起的;1 650 cm^{-1} 附近的为水羟基振动峰,说明经过简单的干燥过程并未除去 TiO_2 表面的羟基基团;500~730 cm^{-1} 为 TiO_2 的特征峰。结果表明,纳米 TiO_2 表面容易结合水,并形成具有较强氧化能力的羟基基团,因此能将有害物质氧化成无害物质。

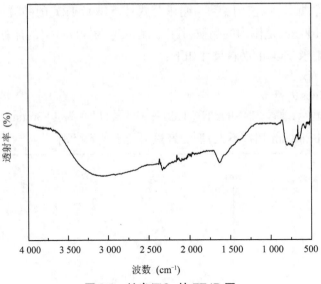

图 3.6　纳米 TiO_2 的 FT-IR 图

3.7　紫外 - 可见光反射分析

根据图 3.7,可以得出纳米 TiO_2 在紫外光区具有强烈的吸光能力,特别是在光波长低于 350 nm 的范围内,吸收率高达约 96%。而在光波长超过 350 nm 后, TiO_2 的吸光能力逐渐减弱,到达可见光区的 430 nm 之后趋于稳定,吸收率约为 12%。这些结果表明纳米 TiO_2 在紫外光催化反应中具有较高的效能,但对可见光的利用率较低,因此这为提高 TiO_2 光催化效率提供了一个重要的改进方向。

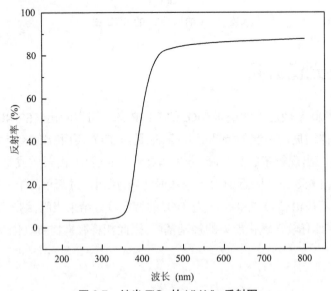

图 3.7　纳米 TiO_2 的 UV-Vis 反射图

第 4 章 纳米 TiO$_2$ 基复合光催化材料制备及表征分析

纳米 TiO$_2$ 的一些缺点直接限制了其广泛应用,例如仅能利用紫外光、光生电子和光生空穴的复合率较高等。因此,本文主要致力于找到提高 TiO$_2$ 光催化效率的方法,主要针对这些缺点进行改进。其中包括将 TiO$_2$ 的光响应范围扩展到可见光区域,并通过与其他材料复合,加速光生电子与光生空穴的分离,从而提高光催化效率。

4.1 原材料及仪器

本文实验中所需的原材料如表 4.1 所示。

表 4.1 实验试剂

试剂名称	规格	厂家
钛酸丁酯	AR	天津市科密欧化学试剂有限公司
钨酸铵	AR	国药集团化学试剂有限公司
无水乙醇	AR	西安化学试剂厂
六水合氯铂酸	AR	南京化学试剂股份有限公司
冰乙酸	AR	天津市东丽区天大化工试剂厂
去离子水	AR	自制蒸馏水

本章实验所使用的制备仪器同第 3 章,具体参见表 3.2。

4.2 纳米 TiO$_2$ 基二元光催化材料的制备及表征

4.2.1 WO$_3$-TiO$_2$ 二元复合光催化材料的制备

WO$_3$ 作为半导体材料,具有较小的禁带宽度,为 2.5~2.8 eV,可吸收可见光的一定波长范围。研究中采用溶胶 - 凝胶法、浸渍法、微波回流等方法制备了 WO$_3$-TiO$_2$ 复合光催化材料,结果表明 WO$_3$ 能有效提高 TiO$_2$ 的光催化效率。其他文献也指出,由于半导体 WO$_3$ 与半导体 TiO$_2$ 的能级不同,二者复合后形成不同的电势差,加速正电空穴与负电电子的分离,提高量子产率。同时,它们的复合可以改变 TiO_2 的带隙宽度,使吸收光谱发生红移。

本文使用钨酸铵作为原材料,采用溶胶-凝胶法制备复合光催化材料,其余原材料和仪器与第 3 章相似。

具体制备步骤如下:常温下,取 20.0 mL 钛酸丁酯溶于一定量的无水乙醇中,搅拌 10 min 得到黄色均匀透明的溶液 A;将一定量的钨酸铵溶解于去离子水中,得到清澈的溶液 B;再取 30.0 mL 无水乙醇与 20.0 mL 冰乙酸混合,在搅拌过程中加入溶液 B,得到白色溶液 C;逐滴将溶液 A 加入溶液 C 中,形成均匀的溶液,继续搅拌 1 h 后得到白色泛黄的凝胶(如图 4.1 所示);在恒温环境下静置 12 h,经真空干燥后得到干燥的纳米 WO_3-TiO_2 颗粒;冷却至室温后,研磨成粉末状颗粒;最后,将上述粉末在高温下煅烧 2~4 h,得到纳米 WO_3-TiO_2 粉体。

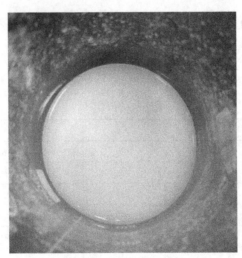

图 4.1　白色泛黄凝胶

4.2.2　WO_3-TiO_2 二元复合光催化材料表征分析

(1)元素组成分析

图 4.2 展示了经高温煅烧后的纳米 WO_3-TiO_2 复合材料的 EDS 图谱。可以观察到材料中主要含有 Ti、O 和 W 等元素,其质量分数分别为 71.19%、25.61% 和 3.20%。通过计算得知 W 与 Ti 的摩尔比 0.012,小于预设的制配比 0.02。这是因为在溶胶静置形成凝胶的过程中,钨源发生沉积导致 W 的质量损失,同时这也是导致氧元素质量减小的主要原因之一。

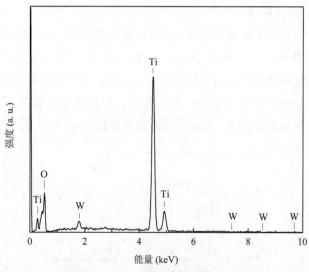

图 4.2　WO_3-TiO_2 复合材料的 EDS 图

（2）微观形貌分析

图 4.3 展示了经高温煅烧后的 WO_3-TiO_2 复合材料的 SEM 图像。与图 3.4 相比，可以观察到粒子的形状基本没有变化，仍呈椭球状，且粒子之间排列紧密有序，分布较为均匀。根据估算，平均粒径约为 12.28 nm。与纳米 TiO_2 的平均粒径相比较小，这有助于降低光生电子与空穴的复合概率。此外，粒径的减小还表明 WO_3 的掺杂在一定程度上抑制了 TiO_2 晶粒的生长。

图 4.3　WO_3-TiO_2 复合材料的 SEM 图

（3）X 射线衍射分析

图 4.4 展示了经高温煅烧后的 WO_3-TiO_2 复合材料的 XRD 图谱。从图 4.4 可以观察到 TiO_2 仍保持锐钛矿相的晶型结构，表明 WO_3 的掺杂并没有改变 TiO_2 的晶体结构。与纳米 TiO_2 的 XRD 图（图 3.5）相比，复合材料的特征峰没有明显变化，峰值更加显著。此外，WO_3 的特征衍射峰并不明显。根据文献研究分析，这是 WO_3 均匀掺杂到 TiO_2 表面所导致的现象，表明在制备的复合材料中，WO_3 具有良好的分散性。

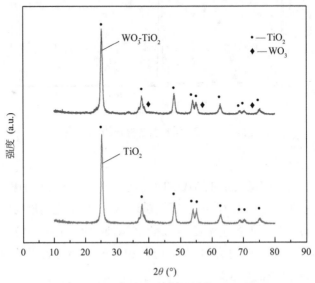

图 4.4　WO_3-TiO_2 复合材料的 XRD 图

（4）红外光谱分析

图 4.5 展示了经过 500 ℃煅烧后的 WO_3-TiO_2 复合材料的 FT-IR 图。与图 3.6 进行对比可见，在 3 400 cm^{-1} 附近同样出现了由 TiO_2 表面吸附水引起的羟基官能团伸缩振动特征吸收峰。在 1 650 cm^{-1} 附近出现的是水羟基振动峰，表明经过简单的干燥并未去除 TiO_2 表面的羟基基团。另外，900 cm^{-1} 和 700 cm^{-1} 处各出现一个 WO_3 的特征峰，而 500~730 cm^{-1} 为 TiO_2 的特征峰。分析结果表明，WO_3 的掺杂没有改变 TiO_2 的结构，仍具有结合水形成具有超强氧化能力的羟基官能团。

（5）紫外 - 可见光反射分析

通过对图 4.6 的分析发现，与纳米 TiO_2 相比，WO_3-TiO_2 复合材料在紫外光区的吸光能力增强。在 430 nm 之后，纳米 TiO_2 的吸光能力逐渐稳定。WO_3 的掺杂使得 TiO_2 的吸收光谱发生红移，到 480 nm 处其吸光能力基本与 TiO_2 相一致。在 530 nm 之后的可见光区，WO_3-TiO_2 复合材料的吸光能力明显高于 TiO_2，这是由于 WO_3 的掺杂减小了 TiO_2 的禁带宽度，同时也与材料自身颜色有关。研究结果表明，WO_3 的掺杂能够有效地拓宽光响应范围，使吸收光谱发生红移，同时也增强了对紫外光的吸收利用率。

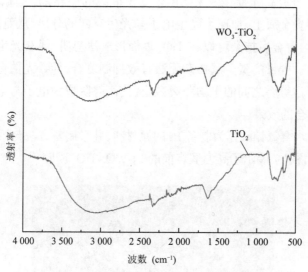

图 4.5　WO₃-TiO₂ 复合材料的 FT-IR 图

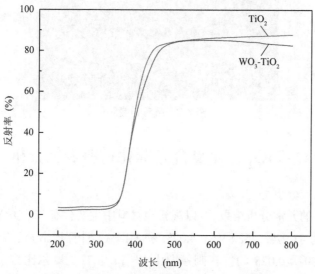

图 4.6　WO₃-TiO₂ 复合材料的 UV-Vis 反射图

4.3　纳米 TiO₂ 基三元光催化材料的制备及表征

4.3.1　Pt-WO₃-TiO₂ 三元复合光催化材料的制备

贵金属沉积是提高光催化效率的重要方法之一。目前常用的贵金属包括 Pt、Au、

Ag、Rh、Ru 等,其中 Pt 具有较低的费米能级和强的亲电能力。将 Pt 掺杂到纳米光催化材料上可以显著提高光催化效率。由于费米能级的差异,贵金属的掺杂促使 TiO_2 中的电子转移到贵金属上,加速了光生电子与光生空穴的分离,从而提高了光催化效率。此外,适量的贵金属掺杂可以在 TiO_2 表面形成浅势阱,俘获光生电子,以抑制电子与空穴的复合。少量的贵金属掺杂无法有效抑制复合,导致光催化效率低;过量的贵金属掺杂使得浅势阱之间的平均距离减小,使浅势阱成为电子与空穴复合的位点,无法达到抑制复合的效果。

本文采用六水合氯铂酸作为制备 Pt 的原材料,并且制备方法与第 3 章和 4.2 节的选取基本一致。图 4.7 展示了高温煅烧前的 Pt-WO_3-TiO_2 凝胶。

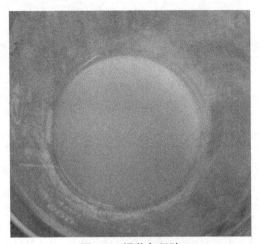

图 4.7　橘黄色凝胶

4.3.2　Pt-WO_3-TiO_2 三元复合光催化材料表征分析

（1）元素组成分析

通过图 4.8 的元素分析结果,可以观察到材料中主要含有 Ti、O、W 和 Pt 元素,其质量分数分别为 41.97%、52.83%、4.07% 和 1.13%。计算得出 Pt、W 和 Ti 的摩尔比 n_{Pt} : n_W : n_{Ti}=0.007 : 0.025 : 1。在制备配比中, Pt 与 Ti 的摩尔比为 0.01,高于检测结果中的 0.007,这表明 Pt 发生了质量损失现象,可能是在静置过程中由于沉积引起的。此外,W 的质量略高,原因可能是 Ti 的质量损失,或者样品取自钨源沉积的下层区域。

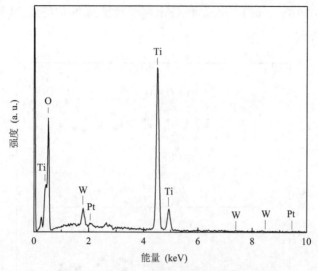

图 4.8　Pt-WO$_3$-TiO$_2$ 复合材料的 EDS 图

（2）微观形貌分析

通过观察图 4.9，可以发现粒子的外观没有发生变化，但存在轻微的团簇现象，粒子分布相对均匀。据估算，平均粒径约为 10.05 nm。与纳米 TiO_2 和 WO$_3$-TiO$_2$ 复合材料相比，其平均粒径较小，进一步提高了电子与空穴的分离速率。此外，Pt 的掺杂进一步抑制了 TiO_2 晶粒的生长。

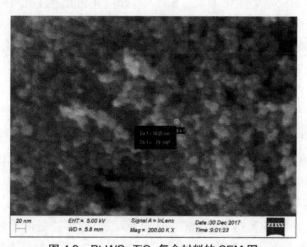

图 4.9　Pt-WO$_3$-TiO$_2$ 复合材料的 SEM 图

（3）X 射线衍射分析

图 4.10 展示了经高温煅烧后的 Pt-WO$_3$-TiO$_2$ 复合材料的 XRD 图谱。TiO_2 的特征峰仍然明显，保持了锐钛矿相结构，与图 3.5 和图 4.4 相比，特征峰没有明显变化。同时，WO$_3$ 的特征衍射峰仍然不明显，说明 WO$_3$ 掺杂均匀，分散性良好。观察图 4.10，

我们可以看到在 39.7°、46.1° 和 67.4° 处出现了明显的 Pt 特征峰,这是因为高温条件下 Pt 结晶成块所致。

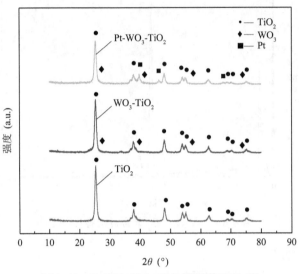

图 4.10   Pt-WO$_3$-TiO$_2$ 复合材料的 XRD 图

（4）红外光谱分析

图 4.11 展示了经高温煅烧后的 Pt-WO$_3$-TiO$_2$ 复合材料的 FT-IR 图。与图 3.6 和图 4.5 相比,整体曲线走势变化不大。在 3 400 cm^{-1} 附近出现了由 TiO$_2$ 表面吸附水产生的 Ti-OH 特征吸收峰;1 650 cm^{-1} 处出现水羟基振动峰;900 cm^{-1} 处出现一个 WO$_3$ 特征峰;500~730 cm^{-1} 为 TiO$_2$ 的特征峰;660 cm^{-1} 处为 Pt 特征峰。分析表明,Pt-WO$_3$-TiO$_2$ 复合材料仍具有结合水形成具有超强氧化能力的羟基官能团。

（5）紫外 - 可见光反射分析

如图 4.12 所示,Pt-WO$_3$-TiO$_2$ 复合材料在紫外光区和可见光区均具有较强的吸光能力。与纳米 TiO$_2$ 和 WO$_3$-TiO$_2$ 复合材料相比,在紫外光区的吸光能力变化不大,但在 400~800 nm 的可见光区存在明显差异。在可见光区,随着光波长的增加,Pt-WO$_3$-TiO$_2$ 复合材料的吸光能力逐渐减弱,但仍保持较高的吸收率。在 800 nm 处,Pt-WO$_3$-TiO$_2$ 复合材料的吸光率约为 80%,远高于纳米 TiO$_2$ 和 WO$_3$-TiO$_2$ 复合材料。结果表明, Pt 的掺杂使纳米 TiO$_2$ 对可见光的响应范围增加,这可能是由于 Pt 进入 TiO$_2$ 晶格中,导致 TiO$_2$ 的禁带宽度显著减小。此外,Pt-WO$_3$-TiO$_2$ 复合材料为黑色粉末状,这也与其较强的吸光能力有一定关联。

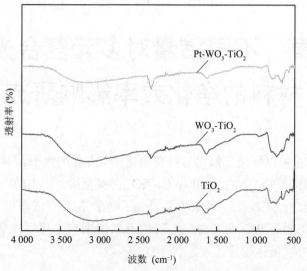

图 4.11　Pt-WO$_3$-TiO$_2$ 复合材料的 FT-IR 图

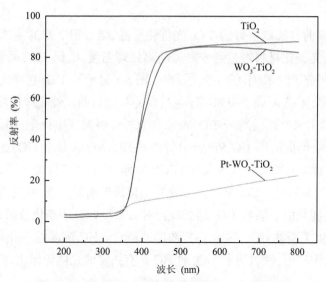

图 4.12　Pt-WO$_3$-TiO$_2$ 复合材料的 UV-Vis 反射图

第 5 章　不同掺量对多元复合光催化材料的净化效率影响研究

通过净化体系可以评估光催化材料在净化尾气方面的效率。本文制备了三种光催化材料，包括 TiO_2、WO_3-TiO_2 和 Pt-WO_3-TiO_2，并按照第二章中的净化测试步骤对它们的光催化性能进行了检测。本章主要研究了纳米 TiO_2 在汽车尾气净化方面的效率，并探究了在不同的 WO_3 和 Pt 掺量下，纳米 TiO_2 对汽车尾气净化效率的提升，并确定了 WO_3 和 Pt 的最佳掺量。

5.1　纳米 TiO_2 净化尾气效率研究

按照第 2 章的方法制备好的 TiO_2 光催化样品，结合第 2 章的测试步骤进行净化实验。本文中，光催化材料经过约 500 ℃的热处理温度，确保 TiO_2 晶型为锐钛矿相，并在紫外光下研究了纳米 TiO_2 的净化效率。图 5.1 显示了 TiO_2 在净化尾气时各气体浓度的变化规律，附录 A 表 1 中列出了经过误差补偿后的光催化净化数据。

图 5.1 展示了未改性的纳米 TiO_2 粉末在紫外灯照射下净化尾气时各气体浓度的变化规律。根据计算，纳米 TiO_2 在 60 分钟内对 HC、NO_x、CO 和 CO_2 的净化效率分别为 1.94%、20.31%、1.32% 和 0.39%。可以观察到，NO_x 浓度持续下降，表明纳米 TiO_2 对 NO_x 的净化效果明显。CO 和 CO_2 浓度的变化规律稍显复杂，浓度范围变化较小且存在波动，这可能是由于纳米 TiO_2 的光催化对 CO 和 CO_2 的净化效果较差，同时在光催化过程中产生了新的 CO_2，导致 CO_2 浓度的波动。HC 浓度的变化规律明显，持续下降，但变化范围较小，说明纳米 TiO_2 对 HC 具有一定的光催化作用，但效果不佳。

5.2　WO_3-TiO_2 二元复合光催化材料净化尾气效率研究

5.2.1　WO_3 掺量对净化效率的影响

WO_3 的掺杂可以在一定程度上提高 TiO_2 的光催化效率，但不同的掺量会导致 TiO_2 具有不同的催化效果。本章中制备了五种不同掺量（ $n_W : n_{Ti}$=0.005，0.01，0.02，0.03，0.04）的光催化材料，探究了 WO_3 的最佳掺量及在最佳掺量下对尾气的净化效率。图 5.2 显示了在不同 WO_3 掺量下纳米 TiO_2 对尾气的净化率变化情况。

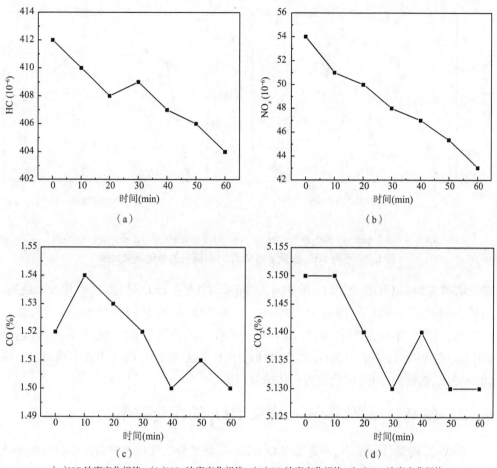

（a）HC 浓度变化规律　（b）NO$_x$ 浓度变化规律　（c）CO 浓度变化规律　（d）CO$_2$ 浓度变化规律

图 5.1　TiO$_2$ 净化尾气时各气体浓度变化规律图

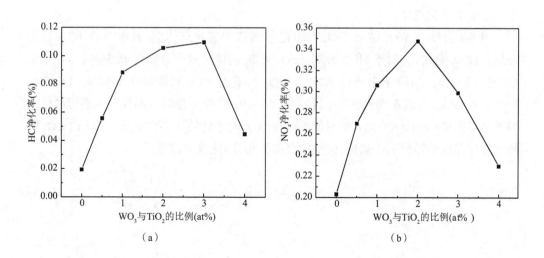

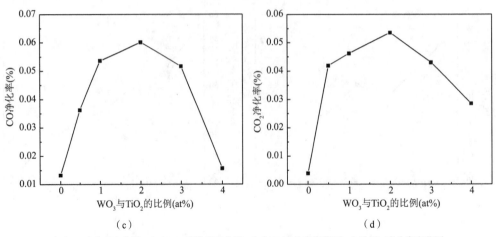

（a)HC 净化率变化图　（b)NO$_x$ 净化率变化图　（c)CO 净化率变化图　（d)CO$_2$ 净化率变化图

图 5.2　不同 WO$_3$ 掺量下纳米 TiO$_2$ 对尾气的净化率变化图

从图 5.2 可以看出,当 WO$_3$ 的掺量为 3at% 时,纳米 TiO$_2$ 对 HC 的净化效率最高,达到 10.96%;当 WO$_3$ 的掺量为 2at% 时,纳米 TiO$_2$ 对 NO$_x$ 的净化效率最高,达到 34.76%;此外,当 WO$_3$ 的掺量为 2at% 时,纳米 TiO$_2$ 对 CO 的净化效率最高,达到 6.01%。在 WO$_3$ 的掺量为 3at% 和 2at% 时,纳米 TiO$_2$ 对 NO$_x$ 的净化效率均较高。因此,WO$_3$ 的掺量为 2at% 被确定为最佳掺量。

5.2.2　在 WO$_3$ 最佳掺量下纳米 TiO$_2$ 的净化效率

在 WO$_3$ 的最佳掺量下,研究了 WO$_3$-TiO$_2$ 二元复合光催化材料对汽车尾气的净化效率,并通过与单一纳米 TiO$_2$ 的净化效率进行比较,得出了 WO$_3$ 掺杂改性对纳米 TiO$_2$ 净化效率的提升量。图 5.3 展示了在 WO$_3$ 与 TiO$_2$ 摩尔比为 0.02 时,在紫外灯下尾气浓度的变化规律。

图 5.3 为掺杂 WO$_3$ 纳米 TiO$_2$ 的净化尾气浓度变化规律图,其中 WO$_3$ 的掺量为 2at%。在 60 分钟内,对于 HC、NO$_x$、CO、CO$_2$ 的净化效率分别为 10.56%、34.76%、6.01%、5.35%。相较于未改性的纳米 TiO$_2$,净化效率分别提高了 8.62%、14.45%、4.69%、4.96%。可以观察到,掺杂 2at% 的 WO$_3$ 纳米 TiO$_2$ 在对这四种气体进行净化时表现出显著提高的效果,尤其是对于 HC 和 NO$_x$ 的净化效果更为显著。CO 和 CO$_2$ 的浓度变化曲线整体呈下降趋势,但变化范围较小,净化效果较差。

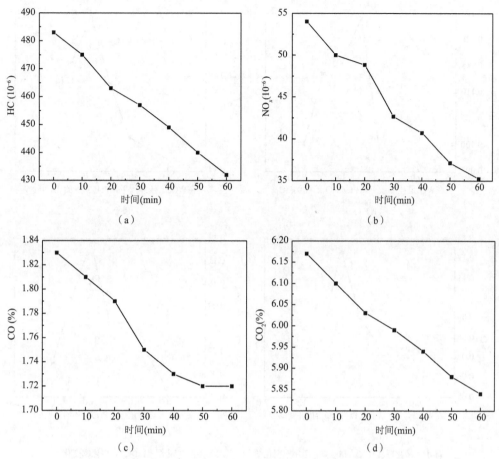

（a）HC 浓度变化规律　（b）NO$_x$ 浓度变化规律　（c）CO 浓度变化规律　（d）CO$_2$ 浓度变化规律

图 5.3　WO$_3$ 与 TiO$_2$ 的摩尔比为 0.02 时尾气浓度变化规律图

5.3　Pt-WO$_3$-TiO$_2$ 三元复合光催化材料净化尾气效率研究

5.3.1　Pt 掺量对净化效率的影响

在前文中研究了 WO$_3$ 掺杂改性的纳米 TiO$_2$ 的光催化效率。在本节中，进一步通过 Pt 的掺杂来提高光催化效率，并探究 Pt 的最佳掺量。在 WO$_3$ 的最佳掺量下，制备了五种 Pt 掺量（ n_{Pt} : n_{Ti}=0.005, 0.007 5, 0.01, 0.012 5, 0.015 ）的光催化材料，探究了 Pt 的最佳掺量以及在最佳掺量下对尾气的净化效率。图 5.4 展示了不同 WO$_3$ 掺量下纳米 TiO$_2$ 对尾气的净化率变化情况。

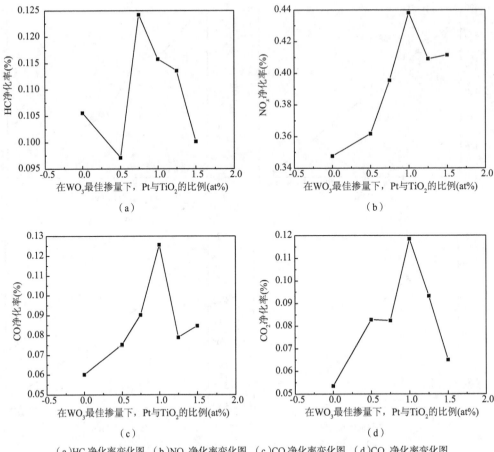

（a）HC 净化率变化图　（b）NO$_x$ 净化率变化图　（c）CO 净化率变化图　（d）CO$_2$ 净化率变化图

图 5.4　不同 Pt 掺量下 WO$_3$-TiO$_2$ 对尾气的净化率变化图

根据图 5.4 的结果，可以观察到当 Pt 的掺量为 0.75at% 时，Pt-WO$_3$-TiO$_2$ 光催化材料对 HC 的净化效率最高，达到 12.42%。而当 Pt 的掺量为 1at% 时，Pt-WO$_3$-TiO$_2$ 对 NO$_x$、CO 和 CO$_2$ 的净化效率均达到最高水平，分别为 43.81%、12.57% 和 11.85%，而对 HC 的净化效率为 11.58%。可以看出，在 1at% 的 Pt 掺量下，Pt-WO$_3$-TiO$_2$ 具有较好的净化效率。因此，我们选择 1at% 作为 Pt 的最佳掺量。

5.3.2　在 Pt 最佳掺量下纳米 TiO$_2$ 的净化效率

在 WO$_3$ 和 Pt 的最佳掺量下，研究了 Pt-WO$_3$-TiO$_2$ 三元复合光催化材料对汽车尾气的净化效率。通过比较几种光催化材料的净化效率，可以得出 Pt 对纳米 TiO$_2$ 和 WO$_3$-TiO$_2$ 净化效率的提升效果。图 5.5 展示了在紫外灯下 Pt 与 TiO$_2$ 的摩尔比为 0.01 时尾气浓度变化规律。

根据图表可知，在 WO$_3$ 的最佳掺量下（即 2at%），1at% 的 Pt 掺杂使得 WO$_3$-TiO$_2$

光催化材料对尾气的净化效率均有所提高。在 60 分钟内,对 HC、NO_x、CO 和 CO_2 的净化效率分别达到了 11.58%、43.81%、12.57% 和 11.85%。相较于未改性的纳米 TiO_2,净化效率提高了 9.64%、23.50%、11.25% 和 11.46%;相较于 WO_3-TiO_2 光催化材料,提高了 1.02%、9.05%、6.56% 和 6.50%。通过对比这三种光催化材料的净化效率,可以发现掺杂 1at% 的 Pt 的 WO_3-TiO_2 对四种气体的净化效果均有显著提高,特别是对于 NO_x、CO 和 CO_2 的净化效率提高较为显著。结果表明,Pt 的掺杂能有效促进电子与空穴的分离,从而显著提高光催化效率。

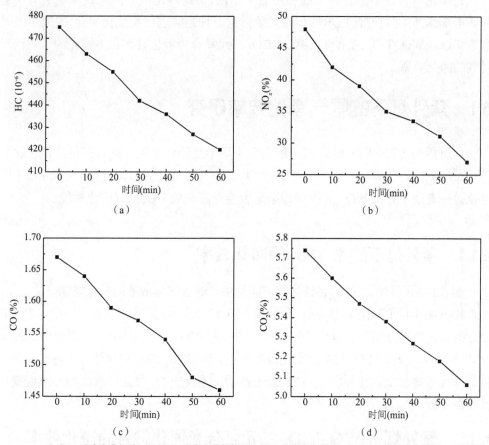

（a）HC 浓度变化规律　（b）NO_x 浓度变化规律　（c）CO 浓度变化规律　（d）CO_2 浓度变化规律

图 5.5　Pt 与 TiO_2 的摩尔比为 0.01 时尾气浓度变化规律图

第 6 章　不同光源对多元复合光催化材料的净化效率影响研究

光催化材料在不同光源下的利用效率不同,因此对尾气的净化效率也会有所差异。本章选择了紫外灯、白炽灯和无光条件这三种光源进行光催化实验,研究了一元纳米 TiO_2、WO_3-TiO_2 二元和 Pt-WO_3-TiO_2 三元复合光催化材料在不同光源下对汽车尾气的净化效率。

6.1　紫外灯下的尾气净化效率研究

众所周知,纳米 TiO_2 的光响应范围主要集中在紫外光区。研究三种光催化材料(一元纳米 TiO_2、WO_3-TiO_2 二元和 Pt-WO_3-TiO_2 三元复合光催化材料)在紫外灯下的净化效率有助于分析 WO_3 和 Pt 的掺杂是否能提高纳米 TiO_2 的光催化性能。

6.1.1　紫外灯下纳米 TiO_2 的净化效率

图 6.1 展示了纳米 TiO_2 在紫外灯下净化尾气时各气体浓度的变化规律。

根据图 6.1 可得出,在紫外灯下,纳米 TiO_2 粉末在 60 分钟内对 HC、NO_x、CO 和 CO_2 的净化效率分别为 1.94%、20.31%、1.32% 和 0.39%,其中对于 NO_x 具有较高的净化效率。HC、CO 和 CO_2 的浓度变化范围较小,表明纳米 TiO_2 在紫外灯下对这三种气体的净化效率较低。此外,由于 CO_2 既是产物又是反应物,这也是导致 CO_2 浓度变化波动的原因。

6.1.2　紫外灯下 WO_3-TiO_2 二元复合光催化材料的净化效率

图 6.2 展示了在紫外灯下,WO_3 与 TiO_2 的摩尔比为 0.02 时尾气浓度的变化规律。

从上述浓度变化图中可以观察到,四种气体的浓度变化均较为明显。在紫外灯下,WO_3-TiO_2 二元复合光催化材料在 60 分钟内对 HC、NO_x、CO 和 CO_2 的净化效率分别达到了 10.56%、34.76%、6.01% 和 5.35%。与未改性的纳米 TiO_2 相比,净化效果分别提高了 8.62%、14.45%、4.69% 和 4.96%。其中,NO_x 的浓度变化最为显著,但随着时间的延长,在 40 分钟至 60 分钟之间,曲线下降的趋势逐渐变缓。这可以分析为随着时间的推移,尾气收集箱中的 NO_x 浓度逐渐降低,导致净化效率的改善变得不那么明显。

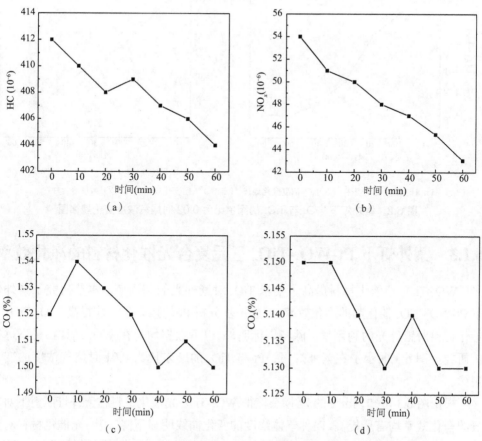

（a）HC 浓度变化规律　（b）NO$_x$ 浓度变化规律　（c）CO 浓度变化规律　（d）CO$_2$ 浓度变化规律

图 6.1　TiO$_2$ 净化尾气时各气体浓度变化规律图

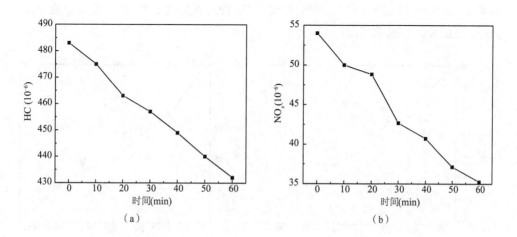

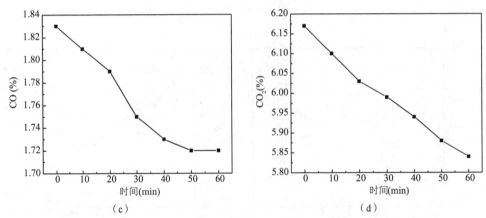

（a）HC 浓度变化规律　（b）NO$_x$ 浓度变化规律　（c）CO 浓度变化规律　（d）CO$_2$ 浓度变化规律

图 6.2　紫外灯下 WO$_3$ 与 TiO$_2$ 的摩尔比为 0.02 时尾气浓度变化规律图

6.1.3　紫外灯下 Pt-WO$_3$-TiO$_2$ 三元复合光催化材料的净化效率

WO$_3$-TiO$_2$ 光催化材料提高了纳米 TiO$_2$ 对紫外光的利用率。本节研究了紫外灯下 Pt-WO$_3$-TiO$_2$ 催化剂的净化效率，以进一步分析 Pt 的掺杂是否能提高 WO$_3$-TiO$_2$ 光催化材料对紫外光的利用率。除特别标明外，以下数据均为在 WO$_3$ 最佳掺量下进行的研究。图 6.3 展示了在紫外灯下，Pt 与 TiO$_2$ 的摩尔比为 0.01 时尾气浓度的变化规律。

根据图 6.3 可知，1at% 的 Pt 掺杂使得 WO$_3$-TiO$_2$ 光催化材料在紫外灯照射下对尾气的净化效率均有所提高，四种气体浓度的变化曲线明显下降，表明光催化材料对紫外光的利用率较高。在 60 分钟内，对 HC、NO$_x$、CO 和 CO$_2$ 的净化效率分别达到了11.58%、43.81%、12.57% 和 11.85%。相比未改性的纳米 TiO$_2$，净化效果分别提高了9.64%、23.50%、11.25% 和 11.46%；相比 WO$_3$-TiO$_2$ 光催化材料，净化效果分别提高了1.02%、9.05%、6.56% 和 6.50%。

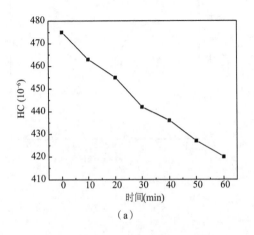

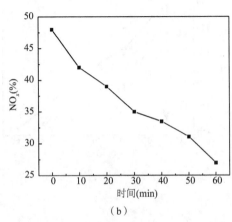

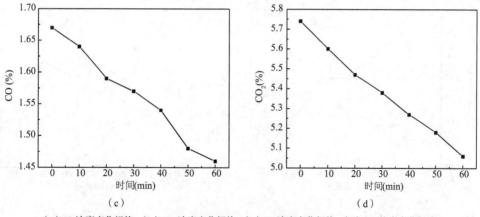

（a）HC 浓度变化规律　（b）NO_x 浓度变化规律　（c）CO 浓度变化规律　（d）CO_2 浓度变化规律

图 6.3　紫外灯下 Pt 与 TiO_2 的摩尔比为 0.01 时尾气浓度变化规律图

6.2　白炽灯下的尾气净化效率研究

6.2.1　白炽灯下纳米 TiO_2 的净化效率

研究光催化材料在白炽灯下对尾气的净化效率可以反映材料是否能够利用可见光进行光催化反应。图 6.4 展示了在白炽灯下纳米 TiO_2 对尾气进行净化时各气体浓度的变化规律。

根据图 6.4 可知,在白炽灯下,纳米 TiO_2 在 60 分钟内对 HC、NO_x、CO 和 CO_2 的净化效率分别为 −0.24%、8.51%、1.56% 和 1.39%。经分析发现,纳米 TiO_2 对可见光的利用率非常低,其中对 NO_x 的净化效率最高,净化曲线总体呈下降趋势;而对于 HC、CO 和 CO_2,净化效率可以认为是无效的,净化曲线的波动范围非常小。

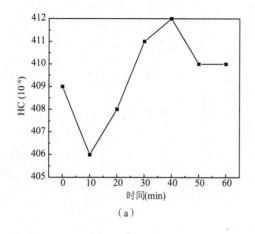

（a）

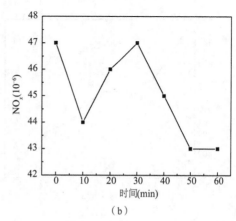

（b）

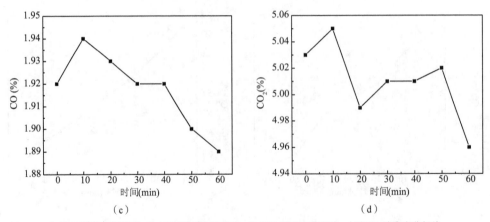

（a）HC 浓度变化规律　（b）NO$_x$ 浓度变化规律　（c）CO 浓度变化规律　（d）CO$_2$ 浓度变化规律

图6.4　白炽灯下 TiO$_2$ 净化尾气时各气体浓度变化规律图

6.2.2　白炽灯下 WO$_3$-TiO$_2$ 二元复合光催化材料的净化效率

图 6.5 展示了在白炽灯下，WO$_3$ 与 TiO$_2$ 摩尔比为 0.02 时尾气浓度的变化规律。

当 WO$_3$ 掺量为 2at% 时，在白炽灯的照射下，光催化材料对各种尾气成分的浓度变化如图 6.5 所示。在 60 分钟内，对于 HC、NO$_x$、CO、CO$_2$ 的净化效率分别为 6.34%、31.17%、5.44%、5.12%。相较未改性的纳米 TiO$_2$，净化效果分别提高了 6.58%、22.66%、3.88%、3.73%。与在紫外灯下的净化结果相比，对应的净化效率分别降低了 4.22%、3.59%、0.57%、0.23%。可见，掺杂 2at% 的 WO$_3$ 的纳米 TiO$_2$ 在白炽灯下对所检测的四种气体均有提高的效果，其中 NO$_x$ 的净化效果最佳。这表明通过 WO$_3$ 的掺杂改性，使 TiO$_2$ 的光催化响应范围扩展到可见光区。然而，与在紫外灯下相比，净化效率略有降低，这表明光催化材料对可见光的利用率较低，因此还需要进一步提高材料对可见光的利用能力。

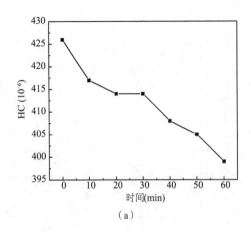

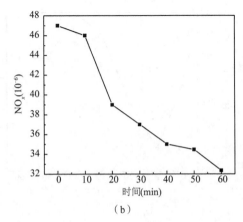

（a）　　　　　　　　　　　　　　（b）

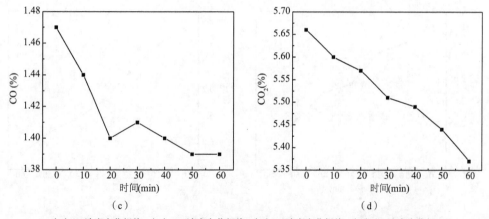

（a）HC 浓度变化规律　（b）NO_x 浓度变化规律　（c）CO 浓度变化规律　（d）CO_2 浓度变化规

图 6.5　白炽灯下 WO_3 与 TiO_2 的摩尔比为 0.02 时尾气浓度变化规律图

6.2.3　白炽灯下 Pt-WO₃-TiO₂ 三元复合光催化材料的净化效率

在紫外灯下，Pt 的掺杂显著提高了 WO_3-TiO_2 催化剂的光催化效率。接下来我们研究在白炽灯下，Pt 的掺杂是否能继续保持高效的光催化效率。图 6.6 展示了在白炽灯下，Pt 与 TiO_2 摩尔比为 0.01 时尾气浓度的变化规律。

根据图 6.6 可知，1at% 的 Pt 掺杂显著提高了 WO_3-TiO_2 光催化材料在白炽灯下对尾气的净化效率。各气体成分的浓度变化呈直线下降趋势，在 60 分钟内，对于 HC、NO_x、CO、CO_2 的净化效率分别达到了 8.28%、40.26%、9.75%、7.31%。与未改性的纳米 TiO_2 相比，净化效果分别提高了 8.52%、31.75%、8.19%、5.92%。相较于 WO_3-TiO_2 光催化材料在白炽灯下的净化效率，Pt-WO_3-TiO_2 光催化材料的净化效率分别提高了 1.94%、9.09%、4.31%、2.19%。

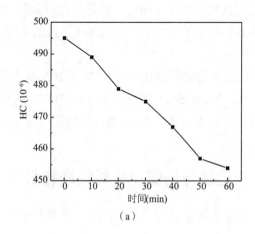

（a）

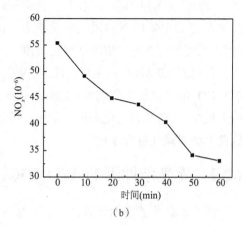

（b）

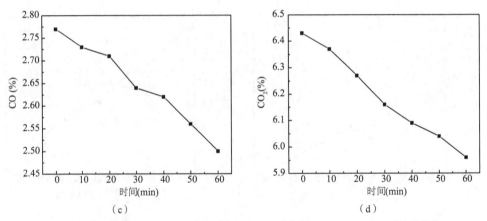

（a)HC 浓度变化规律 　（b)NO$_x$浓度变化规律 　（c)CO 浓度变化规律 　（d)CO$_2$浓度变化规律

图 6.6 　白炽灯下 Pt 与 TiO$_2$ 的摩尔比为 0.01 时尾气浓度变化规律图

通过以上对比可以看出，Pt-WO$_3$-TiO$_2$ 光催化材料在白炽灯下对所检测的四种气体的净化效果显著提高，并且净化率均高于 WO$_3$-TiO$_2$ 光催化材料在白炽灯下的净化效率。这表明 Pt 的掺杂不仅促进了光生电子与空穴的分离，加速了光催化反应，还进一步拓宽了光响应范围，提高了利用可见光的能力，超过了 WO$_3$-TiO$_2$ 光催化材料的效果。

6.3 　无光条件下的尾气净化效率研究

6.3.1 　WO$_3$-TiO$_2$ 二元复合光催化材料在无光条件下的净化效率

众所周知，TiO$_2$ 在无光条件下无法发生光催化反应，因此无法对尾气进行净化。然而，通过 WO$_3$ 的掺杂改性，TiO$_2$ 能够利用可见光进行尾气净化。接下来我们将进一步研究在无光条件下的尾气净化能力。图 6.7 展示了当 WO$_3$ 与 TiO$_2$ 摩尔比为 0.02 时，在无光条件下尾气浓度的变化规律。

根据图 6.7 所示，在无光条件下，WO$_3$-TiO$_2$ 光催化材料在 60 分钟内对 HC、NO$_x$、CO、CO$_2$ 的净化效率分别为 0.20%、0.76%、0.69%、0.15%。尾气中各成分的浓度变化毫无规律可言，并且变化范围非常小。可以认为在无光条件下，光催化反应没有发生，因此无法对尾气进行净化。

6.3.2 　无光条件下 Pt-WO$_3$-TiO$_2$ 三元复合光催化材料的净化效率

图 6.8 展示了在无光条件下，当 Pt 与 TiO$_2$ 的摩尔比为 0.01 时，尾气浓度的变化规律。

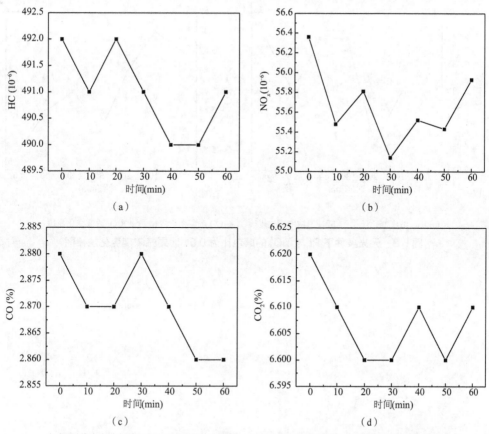

（a）HC 浓度变化规律　（b）NO_x 浓度变化规律　（c）CO 浓度变化规律　（d）CO_2 浓度变化规律

图 6.7　无光条件下 WO_3 与 TiO_2 的摩尔比为 0.02 时尾气浓度变化规律图

根据图 6.8 可得,在无光条件下, Pt-WO_3-TiO_2 光催化材料在 60 分钟内对 HC、NO_x、CO、CO_2 的净化效率分别为 0.23%、1.96%、–0.43%、0.85%。四种气体的浓度变化范围较小,并且曲线变化没有明显的趋势。可以认为 Pt 的复合并不能使 WO_3-TiO_2 光催化材料对可见光产生响应。

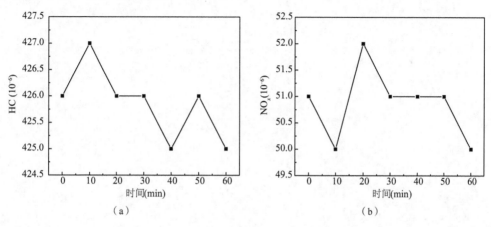

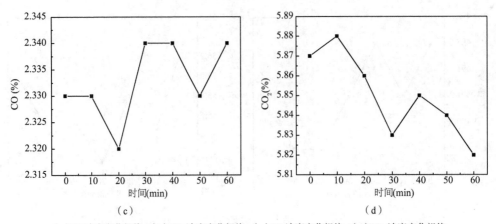

（a）HC 浓度变化规律　（b）NO$_x$ 浓度变化规律　（c）CO 浓度变化规律　（d）CO$_2$ 浓度变化规律

图 6.8　无光条件下 Pt 与 TiO$_2$ 的摩尔比为 0.01 时尾气浓度变化规律图

第 7 章　多元复合光催化涂料制备及尾气净化研究

通过比较光催化材料在沥青路面和水泥道路上的不同应用方法,本章选择在沥青路面上喷涂光催化涂料进行研究。这种方法能够使光催化材料高效地进行光催化反应,也是目前研究的主要手段。

7.1　原材料及仪器

涂料的基本成分包括成膜物质、溶剂、颜填料和助剂。其中,成膜物质是最重要的成分,起到涂料与被涂物之间的黏结作用。溶剂能够使基料充分分散,形成均匀的黏稠液体,有助于涂膜的涂覆工作和改善涂料的性能。颜填料可以遮盖不需要的颜色,也能突出需要的颜色,常用的颜料有钛白粉、铬绿等,常见的填料有滑石粉、碳酸钙等。助剂的种类繁多,起到的作用也不同,助剂不能成膜且用量较少,但能改善涂料的某些性能,对涂料的耐久性起着十分重要的作用。

本文使用的基料包括醇酯 -12、硅丙乳液、滑石粉、Pt-WO$_3$-TiO$_2$ 复合光催化材料（ n_{Pt} : n_W : n_{Ti}=0.01 : 0.02 : 1 ）、金红石型钛白粉、去离子水、分散剂、增稠剂、消泡剂、流平剂、中和剂。所使用的仪器为精密增力电动搅拌器。涂料配方如表 7.1 所示。

表 7.1　涂料配方

基料	质量分数(%)
醇酯 -12	2
去离子水	20
Pt-WO$_3$-TiO$_2$ 复合光催化材料	4
硅丙乳液	40
金红石型钛白粉	12
滑石粉	20
分散剂	0.5
中和剂	
消泡剂	
流平剂	
增稠剂	

7.2　光催化涂料的制备

①按照涂料配方称取一定质量的去离子水、醇酯 -12 和分散剂放入烧杯中,滴加少量的消泡剂。使用精密增力电动搅拌器以 800 r/min 的转速搅拌 10 分钟,使基料混合均匀。

②将搅拌器转速调至 500 r/min,向烧杯中滴加中和剂(氨水和稀盐酸),直至混合液的 pH 值达到一定值。

③加入一定量的 Pt-WO$_3$-TiO$_2$ 复合光催化材料,在 800 r/min 的转速下搅拌 10 分钟。

④将搅拌器转速调至 1 500 r/min,边搅拌边依次加入一定量的金红石钛白粉和滑石粉,搅拌 20 分钟,使其完全分散均匀。

⑤在 800 r/min 的转速下加入一定量的硅丙乳液,然后以 1 500 r/min 的转速搅拌 15 分钟。

⑥观察混合液的形态,加入适量的流平剂和增稠剂,最后搅拌 5 分钟,得到光催化涂层材料。

图 7.1 显示了制备的光催化涂料。

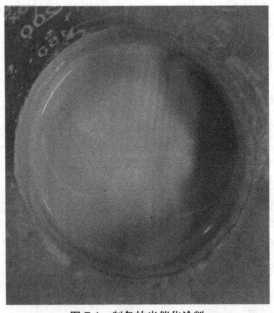

图 7.1　制备的光催化涂料

7.3　光催化涂料净化尾气效率研究

首先,在车辙板上均匀涂覆光催化涂料,制备光催化涂料板。待涂料干燥后,将其放置于尾气收集箱中,进行光催化净化尾气实验。本文分别探究了紫外灯和白炽灯下涂料的净化效率,并在紫外灯下研究了涂料的重复净化尾气效率。具体的测试步骤可参考第 5 章 5.3 节。图 7.2 展示了制备的光催化涂料板。

图 7.2　制备的光催化涂料板

7.3.1　紫外灯下涂料的净化效率

将均匀涂抹的涂料板放置于尾气收集箱中,并按照第 5 章 5.3 节中的步骤进行尾气浓度检测,经过误差补偿后,可得到净化数据。

图 7.3 展示了在紫外灯照射下光催化涂料对尾气浓度的变化规律。从图中可以明显观察到四种尾气成分浓度的变化趋势。在 60 分钟内,涂料对 HC、NO_x、CO、CO_2 的净化效率分别为 8.30%、40.74%、9.63%、8.72%。相较于未改性的纳米 TiO_2,涂料的净化效果分别提高了 6.36%、20.43%、8.31%、8.33%。与 Pt-WO_3-TiO_2 复合光催化材料相比,净化效率略有降低,分别降低了 3.28%、3.07%、2.94%、3.13%。可以看出,涂料对这四种尾气成分的净化能力均高于纳米 TiO_2,且效果显著。此外,由于制备涂料过程中光催化材料可能被其他基料覆盖,导致部分材料无法发生光催化反应,因此对整体效率的影响并不显著。

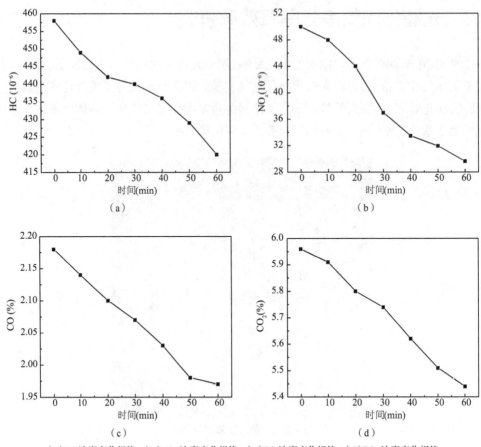

（a）HC 浓度变化规律　（b）NO$_x$浓度变化规律　（c）CO 浓度变化规律　（d）CO$_2$浓度变化规律

图 7.3　紫外灯下光催化涂料净化尾气的浓度变化规律图

7.3.2　白炽灯下涂料的净化效率

涂料在白炽灯照射下进行光催化净化尾气实验,并经过误差补偿后的数据如附录 C 表 2 所示。

图 7.4 展示了在白炽灯照射下光催化涂料对尾气浓度的变化规律。可以观察到,在 60 分钟内,涂料对 HC、NO$_x$、CO、CO$_2$ 的净化效率分别为 7.36%、38.74%、7.72%、9.18%。与紫外灯下的结果相比,净化效率差异不大,表明三元复合材料在白炽灯下也具有良好的吸光能力,并且具有较高的光催化效率。与 Pt-WO$_3$-TiO$_2$ 复合光催化材料相比,涂料在白炽灯下的净化效率分别降低了 0.92%、1.52%、2.03%、-1.87%。从对比结果可以看出,在制备涂料过程中,其他基料对催化剂的覆盖对光催化活性产生了一定影响,但影响较小。实验结果表明,涂料在紫外灯或白炽灯下均表现出较高的光催化活性。

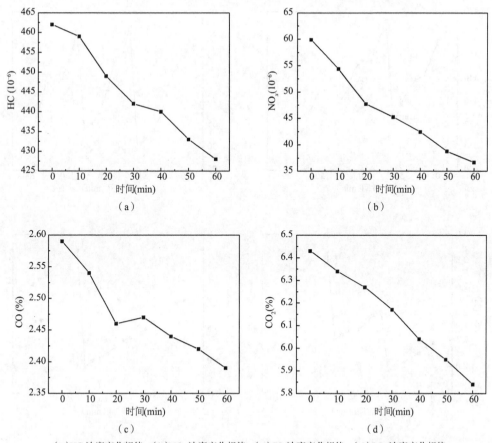

（a）HC 浓度变化规律　（b）NO$_x$ 浓度变化规律　（c）CO 浓度变化规律　（d）CO$_2$ 浓度变化规律

图 7.4　白炽灯下光催化涂料净化尾气的浓度变化规律图

7.4　光催化涂料性能评价

评估涂料的性能是衡量其优劣的重要方法。本文从重复净化效率和基本性能两个方面对涂料进行评价。

7.4.1　光催化涂料的重复净化效率研究

光催化材料的优势在于可循环利用,然而长时间使用会导致光催化活性的降低,这是因为材料表面被污染物覆盖。通过简单的清洁操作,可以恢复光催化活性。本文按照第 2 章 2.4.4 的测试步骤,在紫外灯下对涂料的重复净化性能进行研究,并经过误差补偿得到净化效率数据。

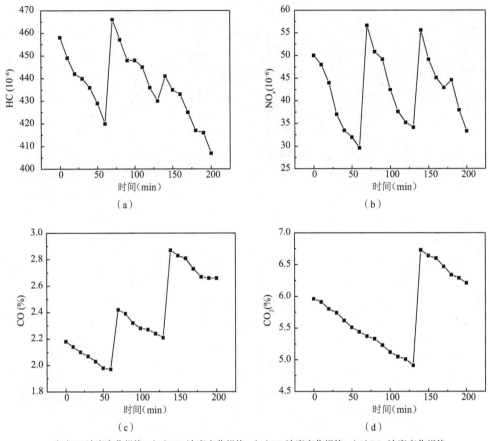

（a）HC 浓度变化规律　（b）NO$_x$ 浓度变化规律　（c）CO 浓度变化规律　（d）CO$_2$ 浓度变化规律

图 7.5　光催化涂料重复净化尾气的浓度变化规律图

如图 7.5 所示,涂料对四种尾气成分的净化效果明显。经过三次重复净化实验后,HC、NO$_x$、CO 和 CO$_2$ 的净化效率分别为 7.71%、40.05%、7.32% 和 7.73%,表明涂料具有较高的光催化活性。这可能是由于在净化过程中,生成的杂质覆盖在涂料表面,阻碍了材料对光的利用。这种可逆的失活现象可通过简单的清洁方式处理,以恢复光催化活性。另外,这种可逆性失活与涂料本身性能无关,涂料仍具备重复净化尾气的功能。

7.4.2　光催化涂料的基本性能研究

本文评估了涂料的耐水性、耐碱性和耐洗刷性这三项基本性能,按照国家标准 GB/T 1733-1993、GB/T 9265-2009 和 GB/T 9266-2009 进行测试。耐水性测试是将涂料板在常温下浸泡在去离子水中 24 小时,观察涂料板的变化情况;耐碱性测试是将涂料板密封浸泡在氢氧化钙溶液中 24 小时,观察涂料表面的变化情况;耐洗刷性测试是在涂料板上的实验区滴加含有 0.5% 洗衣粉溶液(pH 值为 9.5~11.0),观察涂料板实验区的变化情况。测试结果详见表 7.2。

表 7.2　光催化涂料基本性能检测表

检测项	指标	结果
耐水性	有无变色、脱落、气泡等出现	无
耐碱性	有无粉化、软化、气泡等出现	无
耐洗刷性	有无破损露出底部材料的现象	无

对以上三项基本性能检测,结果没有出现不良现象,表明涂料的基本性能符合国家规范要求。因此,本文制备的光催化涂料可以投入生产使用。

第 8 章　铈基尾气净化材料的制备、表征及净化性能研究

　　氧化铈材料作为本论文的重点研究材料之一,本章研究该尾气净化材料在道路环境中的应用可行性,并确定最佳制备条件。同时,通过对不同制备条件下的微观性能和宏观结构进行研究,探究其对尾气净化效果的影响,并建立微观结构与宏观性能之间的关系。

8.1　铈基尾气净化材料的制备

8.1.1　原材料及仪器

　　铈基尾气净化材料的制备所需原材料主要包括硝酸铈($Ce(NO_3)_3 \cdot 6H_2O$)、尿素(CH_4N_2O)、聚乙烯吡咯烷酮、氨水和去离子水,均采用分析纯级别的品质。所需的实验仪器如表 8.1 所示。

表 8.1　实验仪器

名称	型号	厂家
数显恒温磁力搅拌器	85-2	上海浦东物理光学仪器厂
电子天平	FA2004B	上海精科天美科学仪器有限公司
电热鼓风干燥箱	101-2 A	北京科伟永兴仪器有限公司
马弗炉	SX-4-10	北京科伟永兴仪器有限公司
行星球磨机	YXQM-0.4 L	长沙半菲仪器设备有限公司

8.1.2　制备方法

　　氧化铈材料是一种广泛使用且价格低廉的光催化材料。通过纳米化处理,可以得到纳米二氧化铈,其在各个领域的应用逐年增加。纳米二氧化铈的制备工艺主要包括固相法、液相法和气相法。由于液相法制备的反应条件相对容易控制,且能制备出颗粒均匀的材料,因此被广泛应用于氧化铈的制备。液相法制备方法主要包括水热法、溶胶 - 凝胶法、电化学沉积法、共沉淀法和微乳液法。

8.1.3　材料制备

按照以下步骤制备铈基尾气净化材料:首先使用天平分别称取 7.5 克硝酸铈(Ce(NO₃)₃·6H₂O)、6 克尿素(CH₄N₂O)和 3 克聚乙烯吡咯烷酮,并将其混合加入装有 40 毫升去离子水的烧杯中。利用磁力搅拌器搅拌 1 小时后,适量加入氨水,并将混合物放入离心机中进行离心分离,约离心 10 分钟左右。取得的沉淀物在 60 摄氏度下干燥 24 小时,然后将干燥的样品放入马弗炉中,在 800 摄氏度下煅烧 3 小时。煅烧后的样品使用行星球磨机进行研磨,并进行标准筛分,筛选出直径在 0.15~0.3 mm 范围内的最终氧化铈材料。按照相同步骤再制备一组样品作为光催化剂氧化铈。具体制备出的材料如图 8.1 所示。

图 8.1　氧化铈

8.2　性能测试

8.2.1　尾气净化指标

净化效率是评价材料光催化效果的指标之一。目前,常采用以下公式计算光催化效率:

$$净化效率 = (初始浓度 - 规定时间后的浓度值) / 初始浓度值 \times 100\% \quad (8.1)$$

8.2.2　尾气净化参数设置

由于每个发动机的参数不同,导致产生的尾气浓度也有所差异。因此,在本系统中,经过大量的充气过程和数据收集,我们确定了每种成分的浓度范围。由于每次充气都涉及四种成分,我们将其视为充气完成的标志,当每种成分的浓度达到一定范围时。经过大量的实验,我们得出以下结论:NO_x 浓度范围为 $40\sim60\ 10^{-6}$,HC 浓度范围为 $500\sim600\ 10^{-6}$,CO 浓度范围为 3%~5%,CO_2 浓度范围为 6%~8%。

在尾气净化实验中,由于采用的设备是通过吸入尾气进行测试的,环境箱中的气体浓度下降部分是由净化材料净化的,另一部分则被测试仪器吸走了。因此,我们需要确定哪部分是被吸走的,哪部分是被净化的。我们采用修正法来解决这个问题。具体方法是通过大量的空白样实验数据来确定修正值。空白样实验是指在测试系统中不放置净化材料,按照流程进行一次完整的测试,并记录数据。通过大量的重复实验,我们获得了大量的数据。由于每 10 分钟记录一次数据,空白样实验数据也按照每 10 分钟进行处理,这样可以更好地反映出每 10 分钟的净化效率变化情况。经过大量的空白样实验,最终得出的数据如表 8.2 所示。

表 8.2　尾气净化系统误差值修正表

污染物成分	不同测试时间段内（min）					
	0~10	10~20	20~30	30~40	40~50	50~60
HC（10^{-6}）	10.08	6.51	8.022	6.3	6.048	5.04
CO（%）	0.1	0.08	0.08	0.07	0.07	0.06
CO_2（%）	0.105	0.08	0.097	0.091	0.087	0.08
NO_x（10^{-6}）	9.264	6.24	4.104	1.68	0.96	1.752

由表 8.2 可知,随着时间的推移,每种成分的浓度在每 10 分钟抽取的样品中逐渐降低。这并不是因为仪器的抽气能力减弱,而是因为环境箱中的气体浓度在下降,因此每次抽取相同体积的气体时,浓度也会降低。

8.2.3　尾气净化设备介绍

尾气净化系统主要由环境箱和检测仪器组成。尾气检测仪器采用佛山南华仪器有限公司生产的 NHA-506（5G）汽车尾气分析仪,用于检测尾气中的 CO、CO_2、HC 和 NO 浓度。而 DTN220B-NO2 便携式二氧化氮检测仪则用于检测尾气中的 NO_2 浓度。相关设备的图片如图 8.2、图 8.3 和图 8.4 所示。

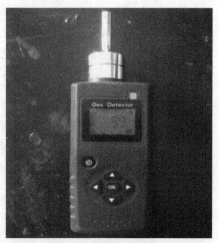

图 8.2　尾气净化环境箱　　　　　　　　　图 8.3　NO$_2$ 检测仪

图 8.4　汽车尾气分析仪

8.2.4　尾气净化系统测试过程介绍

第一步:制备样品,将制备好的样品均匀撒布在一张干净的 A4 纸上。

第二步:按照顺序连接测试系统中的各个设备。首先将汽油发动机与测试环境箱相连接,将制备好的样品放入环境测试箱中,并将 DTN220B-NO2 便携式二氧化氮检测仪放入环境测试箱中。将通电的风扇也打开并放入环境测试箱中,然后盖上盖子。需要注意的是确保各个设备之间的连接通畅,没有堵塞,并确保整个系统与外界隔离开来。使用阀门来控制气体流量。

第三步:遮盖幕布,打开进气口阀门,关闭所有出气口,启动汽油发动机,并打开 NHA-506(5G)汽车尾气分析仪。充气一段时间后,使用汽车尾气分析仪随时测试环境箱内各种成分的浓度。当浓度达到一定值后,关闭进气口阀门,关闭汽油发动机,并等待几分钟让风扇吹动,然后开始打开紫外灯或白炽灯,进入测试阶段。

第四步:进入测试阶段,首先记录 NO、NO_2、CO、CO_2 和 HC 的浓度。随后每隔 10 分钟记录一次各个成分的浓度,总共记录 60 分钟,共 7 组数据。

本章将对氧化铈光催化材料进行性能测试,主要测试 HC、CO、CO_2 和 NO_x 四种成分的净化效率。在紫外光和自然光两种光源条件下进行测试,研究催化剂对可见光光域净化效率的影响。通过调控制备工艺,分析不同条件下制备的材料净化性能的差异。

8.3　结构表征

8.3.1　XRD

不同的晶体物质具有不同的晶体结构。当试样受到 X 射线的二次荧光作用时,不同晶面反射会产生不同的衍射角位置。通过检测衍射角的位置进行定性分析,检测峰值强度进行定量分析。可以利用德拜 - 谢乐公式计算晶粒尺寸。

本文采用 Bruker AXS 公司生产的 D8 ADVANCE 型 X 射线衍射仪进行分析。该仪器具备齐全的硬件和软件配套,主要的工作元件是二维功能探测器和变温原位分析附件。它能够测试样品的物相、结晶度和晶粒尺寸,测试范围为 $10° \sim 80°$。

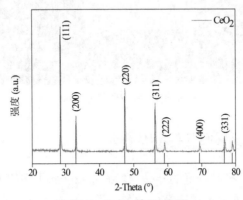

图 8.5　CeO_2 的 XRD 图

从图 8.5 可以得知,氧化铈材料的 XRD 图谱显示了许多尖锐且相对窄的峰,这表明在氧化铈的制备过程中形成了许多结晶度较高且较大的晶体。晶格常数 a=b=c=5.411,表明氧化铈材料具有立方晶系结构。特征衍射峰主要分布在 2θ 等于 $28.553°$、$33.081°$、$47.478°$、$56.334°$、$59.085°$、$69.4°$、$76.698°$ 和 $79.067°$ 处。

8.3.2　FT-IR

由于物质分子在平衡位置附近的振动和旋转,红外光谱仪可以测试每个物质分子的状态,对应的红外光子能量也随之改变并发射出红外光谱。利用红外光谱可以分析分子的官能团和化学键,有助于从微观角度理解材料因具有不同官能团或化学键而表现出的特殊性质。

本文使用的仪器是赛默飞世尔科技公司生产的 Nicolet Is10 型傅里叶变换红外光谱仪,其光谱测试范围为 7 800~350 cm^{-1},光谱分辨率优于 0.4 cm^{-1},波数精度为 0.01 cm^{-1}。

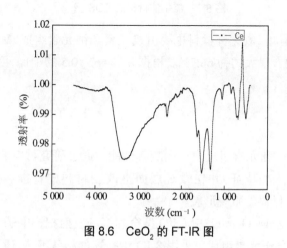

图 8.6　CeO$_2$ 的 FT-IR 图

从图 8.6 可以看出,在 1 650 cm^{-1} 附近出现了一个伸缩振动峰,表明在煅烧干燥后,氧化铈表面可能有些潮湿,附着了少量羟基官能团。在 3 500 cm^{-1} 附近也出现了一个伸缩振动峰,这可能是氧化铈表面的水分子或羟基官能团的存在。在 500 cm^{-1} 到 800 cm^{-1} 之间是氧化铈材料的伸缩振动峰。根据分析结果可知,氧化铈材料容易生成具有较强氧化性的羟基官能团。

8.3.3　EDS

能谱仪(EDS)可以分析材料的元素成分和含量。当材料发生电子跃迁时,会释放出不同的特征能量 ΔE,而不同的特征能量对应不同的特征波长。通过检测不同特征能量,能谱仪可以分析出材料的元素组成。

本文采用的仪器是 Zeiss GeminiSEM 500 型全功能场发射扫描电子显微镜,用于观察材料的微观形貌和分析元素组成。

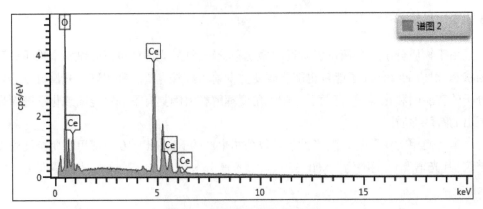

图 8.7　氧化铈材料的 EDS 图

从图 8.7 可以看出,氧化铈材料主要由氧元素和铈元素组成,氧元素的含量大约为 33.3%,铈元素的含量大约为 66.7%。根据 $n_O : n_{Ce}$=0.5 的配比,可以得知氧化铈材料的制备基本成功。

8.3.4　SEM

材料的形貌特征和元素组成直接影响其性能。通过研究材料的形态结构和元素组成,可以了解其性能特征,并在微观层面上改变材料的性能。扫描电了显微镜（SEM）可用于观察材料的微观形貌。

本文采用的是 Zeiss GeminiSEM 500 型全功能场发射扫描电子显微镜,用于观察材料的微观形貌和分析元素组成。采用 8.1.3 中描述的制备工艺,通过 SEM 可以分析氧化铈材料的微观形貌特征。图 8.4 显示了制备的氧化铈材料的 SEM 图像。

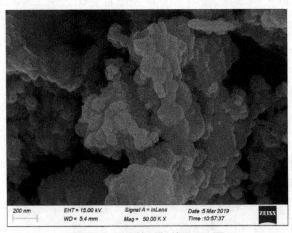

图 8.8　氧化铈材料的 SEM 图

从图 8.8 可以看出,氧化铈材料呈现出规则的六边形形状,并在煅烧完成后形成了立体的空间结构,形成了许多孔隙。氧化铈材料具有优良的储氧性能,具有均匀的粒径分布,颗粒之间连接紧密。可能是由于煅烧温度的原因,导致了一些颗粒的团聚现象,但整体上材料的结构仍然具有较多的孔隙。

8.3.5　紫外 - 可见光

材料内部的电子在光的作用下发生跃迁,这在光谱中形成了具有一定峰值的图谱。通过分析图谱的变化,可以判断材料对光的反射或吸收情况。通过紫外 - 可见光反射分析,可以了解光催化材料在不同光谱范围内的反射能力,间接反映出对不同光谱的吸收能力。

本文使用 Perkin Elmer 公司生产的 PE Lambda950 紫外 - 可见 - 近红外分光光度计进行检测分析。该仪器可用于表征各种形态材料的反射率、透射率、吸收率和吸光度等性能,并且是研究物质成分、结构和相互作用的定性和定量有效工具。本文的测试扫描范围为 200~800 nm。

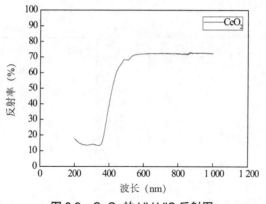

图 8.9　CeO_2 的 UV-VIS 反射图

从图 8.9 可知, CeO_2 材料在紫外光条件下表现出较强的紫外光吸收能力。在 380 nm 以下, CeO_2 材料对光的吸收能力可以达到 87%。随着波长超过 400 nm,光的吸收能力逐渐减弱,大约到达 560 nm 时,光的吸收能力趋于稳定,大约为 18%。根据结果可见,氧化铈材料不仅对紫外光有利用能力,对可见光也有一定的吸收能力。最弱的吸收发生在 560 nm 之后的可见光和紫外光区域,吸收率可达 18%。这说明 CeO_2 材料的禁带宽度小于 2.85 eV,在自然光条件下,其净化效率高于紫外光条件下。

8.4　结果与讨论

8.4.1　pH 值对净化效果的影响

在氧化铈材料的制备过程中,调整 pH 值对其储放氧性能和结构有重要影响。本节实验在自然光和紫外光条件下进行测试,使用了 4 个不同的 pH 值:5、7、9 和 11。煅烧温度为 800 ℃,煅烧时长为 3 小时。整个过程中涉及从酸性到中性再到碱性的调节。实验从 pH 值为 5 开始是因为在当前采用的制备方法中,未加入氨水之前的 pH 值基本接近 5,小于 5 的情况下无法成功制备氧化铈材料。实验采用了自然光和紫外光两种不同光源,主要是因为氧化铈材料的禁带宽度较小,能够在除紫外光以外的其他光域发生光催化反应。因此,每个 pH 值下制备了 2 个样品,分别命名为 2-1、2-2、2-3、2-4、2-5、2-6、2-7 和 2-8。其中 2-1、2-3、2-5 和 2-7 为一组,在自然光条件下进行测试;2-2、2-4、2-6 和 2-8 为一组,在紫外光条件下进行测试。下图显示了两种条件下测试尾气中四个组分的对比图。

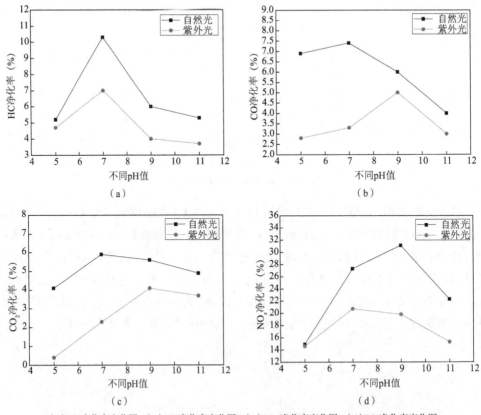

（a）HC 净化率变化图　（b）CO 净化率变化图　（c）CO₂净化率变化图　（d）CO 净化率变化图

图 8.10　不同 pH 值制备条件下氧化铈材料对尾气的净化率变化图

从图 8.10(a)可以看出,在不同 pH 值条件下,使用自然光和紫外光,HC 存在一个最佳制备 pH 值为 7。随着 pH 值的增大,净化率也增加,但当 pH 值增加到 7 之后,无论是自然光还是紫外光条件下, HC 的净化效率都开始降低。综合自然光和紫外光的净化效率来看,自然光下的 HC 净化效率整体上高于紫外光。

从图 8.10(b)可以看出,在不同 pH 值条件下,使用自然光和紫外光,CO 存在不同的最佳制备 pH 值。自然光的最佳制备 pH 值为 7,而紫外光的最佳制备 pH 值为 9。随着 pH 值的增大,净化率也增加,但当 pH 值增加到最佳值后,无论是自然光还是紫外光条件下,CO 的净化效率都开始降低。综合自然光和紫外光的净化效率来看,自然光下的 CO 净化效率整体上高于紫外光。

从图 8.10(c)可以看出,在不同 pH 值条件下,使用自然光和紫外光, CO_2 存在不同的最佳制备 pH 值。自然光的最佳制备 pH 值为 7,而紫外光的最佳制备 pH 值为 9。随着 pH 值的增大,净化率也增加,但当 pH 值增加到最佳值后,无论是自然光还是紫外光条件下, CO_2 的净化效率都开始降低。综合自然光和紫外光的净化效率来看,自然光下的 CO_2 净化效率整体上高于紫外光。

从图 8.10(d)可以看出,在不同 pH 值条件下,使用自然光和紫外光, NO_x 存在不同的最佳制备 pH 值。自然光的最佳制备 pH 值为 9,而紫外光的最佳制备 pH 值为 7。随着 pH 值的增大,净化率也增加,但当 pH 值增加到最佳值后,无论是自然光还是紫外光条件下, NO_x 的净化效率都开始降低。综合自然光和紫外光的净化效率来看,自然光下的 NO_x 净化效率整体上高于紫外光。

总结来看,由于氮氧化物对环境的污染最为严重,氧化铈材料主要针对四种污染成分进行净化。考虑到氮氧化物的净化率,综合图中的结果,确定最佳 pH 值位于 7-9 之间。最终确定的最佳 pH 值为 9,在自然光条件下,pH 值等于 9 时,HC、CO、CO_2 和 NO_x 四种组分的净化效率分别为 6%、6%、5.6% 和 31.1%;在紫外光条件下,pH 值等于 9 时,HC、CO、CO_2 和 NO_x 四种组分的净化效率分别为 4%、5%、4.1% 和 19.8%。

图 8.11 中的(a)、(b)、(c)和(d)呈现凹曲线,表明随着时间推移,各种成分的净化速率在前期较快,后期变缓,符合整体净化规律。每张图包含自然光和紫外光条件下的净化效果。在自然光条件下, HC 的净化效率比紫外光条件下高出 2%, CO 的净化效率比紫外光条件下高出 1%, CO_2 的净化效率比紫外光条件下高出 1.5%, NO_x 的净化效率在自然光条件下比紫外光条件下高出 11.3%。无论是紫外光还是可见光,HC、CO 和 CO_2 的净化效率较低,而 NO_x 的净化效率最高可达 30%。

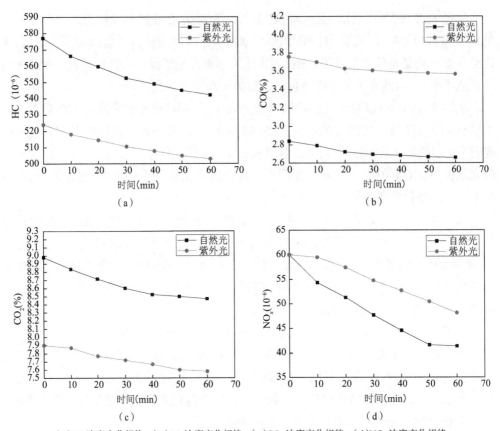

（a）HC 浓度变化规律　（b）CO 浓度变化规律　（c）CO₂ 浓度变化规律　（d）NOₓ 浓度变化规律

图 8.11　pH 值等于 9 的条件下尾气各种成分的变化规律

8.4.2　煅烧温度对净化效果的影响

在氧化铈材料的制备过程中,需要调整不同的煅烧温度。氧化铈材料具有优秀的氧储存性能,并且晶体结构在不同温度下会有显著变化,这对尾气净化性能有很大影响。本节的实验采用自然光和紫外光条件下进行测试。在制备过程中,选择 pH 值为 9 的条件,并使用了 4 个不同的煅烧温度值,分别为 400 ℃、600 ℃、800 ℃和 1000 ℃,煅烧时间为 3 小时。在许多文献的制备方法中,煅烧温度通常在 400 ℃至 600 ℃之间。本实验主要采用自然光和紫外光两种不同的光源,因为氧化铈材料的禁带宽度较小,能够在紫外光以外的光谱范围内发生光催化反应。

对于每个 pH 值,制备了两个样品,分别命名为 2-9、2-10、2-11、2-12、2-13、2-14、2-15 和 2-16。其中,2-9、2-11、2-13 和 2-15 为自然光条件下的一组测试样品,而 2-10、2-12、2-14 和 2-16 为紫外光条件下的一组测试样品。下图展示了两种条件下测试尾气中四种组分的对比图。

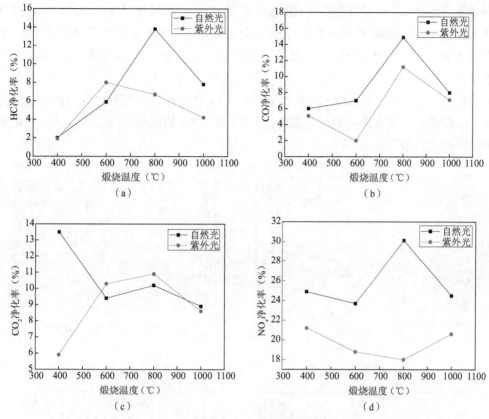

（a）HC 净化率变化图　（b）CO 净化率变化图　（c）CO$_2$ 净化率变化图　（d）NO$_x$ 净化率变化图

图 8.12　不同煅烧温度制备条件下氧化铈材料对尾气的净化率变化图

从图 8.12（a）中可以看出，在不同的煅烧条件下，自然光和紫外光条件下的 HC 净化效果存在一个最佳制备煅烧温度，即 800 ℃。随着煅烧温度的增加，HC 的净化率也增加，但当温度达到 800 ℃后，无论是自然光还是紫外光条件下，HC 的净化效率都开始降低。总体来看，自然光下的 HC 净化效率要高于紫外光下的 HC 净化效率。

从图 8.12（b）中可以看出，在不同的煅烧条件下，自然光和紫外光条件下的 CO 净化效果也存在一个最佳制备煅烧温度，即 800 ℃。随着煅烧温度的增加，CO 的净化率也增加，但当温度达到 800 ℃后，无论是自然光还是紫外光条件下，CO 的净化效率都开始降低。总体来看，自然光下的 HC 净化效率要高于紫外光下的 CO 净化效率。

从图 8.12（c）中可以看出，在不同的煅烧条件下，自然光和紫外光条件下的 CO$_2$ 净化效果也存在一个最佳制备煅烧温度，即 800 ℃。随着煅烧温度的增加，CO$_2$ 的净化率也增加，但当温度达到 800 ℃后，无论是自然光还是紫外光条件下，CO$_2$ 的净化效率都开始降低。总体来看，自然光下的 CO$_2$ 净化效率要高于紫外光下的 CO$_2$ 净化效率。

从图 8.12（d）中可以看出，在不同的煅烧条件下，自然光和紫外光条件下的 NO$_x$

净化效果也存在一个最佳制备煅烧温度,即 800 ℃。随着煅烧温度的增加,NO_x 的净化率也增加,但当温度达到 800 ℃后,无论是自然光还是紫外光条件下,NO_x 的净化效率都开始降低。总体来看,自然光下的 NO_x 净化效率要高于紫外光下的 NO_x 净化效率。

在最佳煅烧温度为 800 ℃的情况下,HC、CO、CO_2 和 NO_x 四种组分的具体变化过程由下图表示。这些净化效率数据经过 8.2.2 中表 8.2 的误差补偿后得出,每个 10 分钟的时间段内净化效率不同。

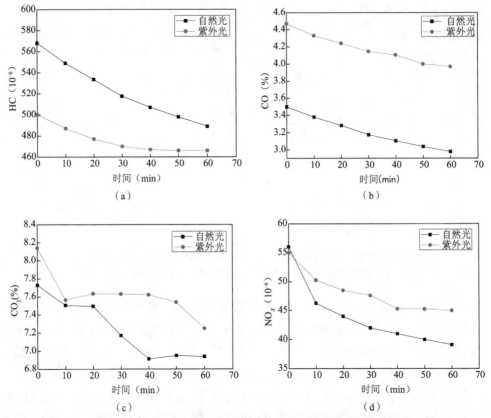

（a)HC 浓度变化规律　（b)CO 浓度变化规律　（c)CO_2 浓度变化规律　（d)NO_x 浓度变化规律

图 8.13　制备温度为 800 ℃的条件下尾气各种成分的变化规律

当氧化铈材料在制备过程中选择制备温度为 800 ℃时,结合图 8.12 可知,在自然光条件下,HC、CO、CO_2 和 NO_x 四种组分的净化效率分别为 13.8%、14.9%、10.2% 和 30.1%;在紫外光条件下,HC、CO、CO_2 和 NO_x 四种组分的净化效率分别为 6.7%、11.2%、10.9% 和 18%。总体来看,图 8.13 中的(a)、(b)、(c)和(d)呈凹曲线,说明随着时间的推进,各种成分的净化速率在前期较快,后期减缓,符合整体的净化规律。

对于每张图来说,包括了紫外光和自然光两种条件下的净化效果图。在自然光条件下，HC 的净化效率比紫外光条件下高 7.1%，CO 的净化效率比紫外光条件下高 3.7%，CO_2 的净化效率在自然光和紫外光条件下相差不大，而 NO_x 的净化效率在自然光条件下比紫外光条件下高 11.9%。无论是紫外光还是可见光，HC、CO 和 CO_2 的净化效率较低，而 NO_x 的净化效率最高可达 30%。因此，选择 800 ℃的制备温度对于氧化铈材料来说是比较合适的。

8.4.3　反应时间对净化效果的影响

结合 8.4.1 和 8.4.2 的讨论，氧化铈材料在制备过程中不仅涉及 pH 值和煅烧温度的调整，还涉及不同煅烧时长的调整。氧化铈材料具有优秀的储氧性能，在不同温度下晶体结构也会发生变化。随着时间的延长，已形成的晶体结构可能会继续变化，甚至发生团聚等情况，导致材料性能不佳。晶体结构对尾气净化性能有重要影响。本节实验采用自然光和紫外光条件下进行测试。在 pH 值为 9、煅烧温度为 800 ℃的条件下，选择了 4 个不同的煅烧时长，分别为 2 小时、3 小时、4 小时和 5 小时。实验主要使用自然光和紫外光两种光源，因为氧化铈材料的禁带宽度较小，在除紫外光之外的其他光谱区域也能发生光催化反应。因此，每个 pH 值分别制备了 2 个样品，命名为 2-17、2-18、2-19、2-20、2-21、2-22、2-23 和 2-24。其中，2-17、2-19、2-21 和 2-23 为一组在自然光条件下测试，2-18、2-20、2-22 和 2-24 为一组在紫外光条件下测试。下图展示了两种条件下测试尾气中四种成分的对比图。

从图 8.14（a）可以看出，在不同的煅烧时长条件下，自然光和紫外光条件下，HC 的最佳煅烧时长为 4 小时。随着煅烧时长的增加，净化率也增加，但当时长增加到 4 小时后，自然光和紫外光条件下的 HC 净化效率都降低。从净化效率来看，自然光下的 HC 净化效率整体上高于紫外光。

从图 8.14（b）可以看出，在不同的煅烧时长条件下，自然光和紫外光条件下，CO 的最佳煅烧时长为 4 小时。随着煅烧时长的增加，净化率也增加，但当时长增加到 4 小时后，自然光和紫外光条件下的 CO 净化效率都降低。从净化效率来看，自然光下的 CO 净化效率整体上高于紫外光。

从图 8.14（c）可以看出，在不同的煅烧时长条件下，自然光和紫外光条件下，CO_2 的最佳煅烧时长为 4 小时。随着煅烧时长的增加，净化率也增加，但当时长增加到 4 小时后，自然光和紫外光条件下的 CO_2 净化效率都降低。从净化效率来看，自然光下的 CO_2 净化效率整体上高于紫外光。

从图 8.14（d）可以看出，在不同的煅烧时长条件下，自然光和紫外光条件下，NO_x 的最佳煅烧时长为 4 小时。随着煅烧时长的增加，净化率也增加，但当时长增加到 4 小时后，自然光和紫外光条件下的 NO_x 净化效率都降低。从净化效率来看，自然光下的 NO_x 净化效率整体上高于紫外光的 HC 净化效率。

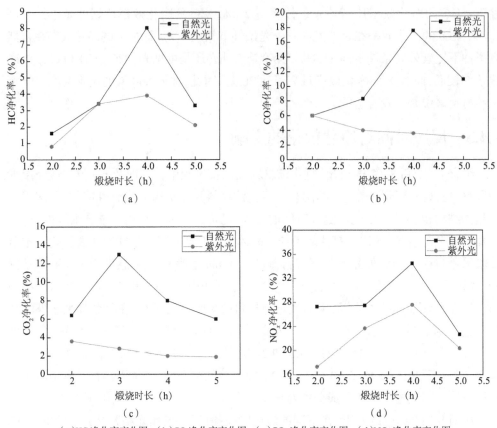

（a）HC净化率变化图　（b）CO净化率变化图　（c）CO_2净化率变化图　（d）NO_x净化率变化图

图 8.14　不同煅烧时长条件下氧化铈材料对尾气的净化率变化图

在最佳煅烧时长为 4 小时的情况下，HC、CO、CO_2 和 NO_x 四种组分的具体变化过程通过下图表达。其中的净化效率经过 8.2.2 中表 8.2 的误差补偿后得出，每个 10 分钟的时间段内净化效率不同。

当氧化铈材料在制备过程中选择煅烧时长为 4 小时时，根据图 8.14 可知，在自然光条件下，HC、CO、CO_2 和 NO_x 四种组分的净化效率分别为 8.03%、17.6%、8% 和 34.5%；在紫外光条件下，HC、CO、CO_2 和 NO_x 四种组分的净化效率分别为 3.9%、3.6%、2% 和 27.6%。总的来看，图 8.15 中的（a）、（b）、（c）和（d）基本上都呈现凹曲线，说明随着时间的推进，各种成分在前期净化速率较快，后期净化速率变缓，这也符合整个净化规律。每张图都包括紫外光和自然光两种条件下的净化图。在自然光条件下，HC 的净化效率比紫外光条件下高 4.13%，CO 的净化效率比紫外光条件下高 14%，CO_2 的净化效率在自然光和紫外光条件下差不多，NO_x 的净化效率在自然光条件下比紫外光条件下高 6.9%。无论是紫外光还是可见光，HC、CO 和 CO_2 的净化效率较低，而 NO_x 的净化效率最高可达到 30% 以上。因此，选择煅烧时长为 4 小时是合适的氧化铈材料制备条件。

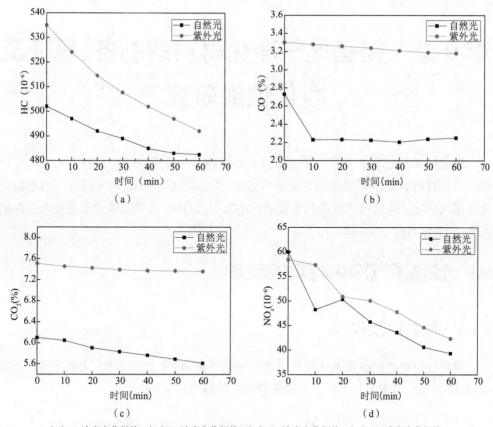

（a）HC 浓度变化规律　（b）CO 浓度变化规律　（c）CO_2 浓度变化规律　（d）NO_x 浓度变化规律

图 8.15　煅烧时长为 4 h 的条件下尾气各种成分的变化规律

第9章　铋基尾气净化材料的制备、表征及净化性能研究

氧化铋材料是本论文除了氧化铈材料之外的另一种重点研究材料。本章研究该尾气净化材料在道路环境应用方面的可行性,确定最佳制备条件,并研究不同制备条件对尾气净化效果的微观性能和宏观结构的影响,以建立微观结构和宏观性能之间的关系,为后续研究提供基础。

9.1　铋基尾气净化材料的制备

9.1.1　原材料及仪器

氧化铋材料的制备所需原材料主要包括硝酸铋、硝酸、无水乙醇、去离子水和氢氧化钠,所有原材料均为分析纯。实验所使用的仪器如表 9.1 所示。

表 9.1　实验仪器

名称	型号	厂家
超声震荡仪	85-2	上海浦东物理光学仪器厂
电子天平	FA2004B	上海精科天美科学仪器有限公司
电热鼓风干燥箱	101-2 A	北京科伟永兴仪器有限公司
磁力搅拌器	SX-4-10	北京科伟永兴仪器有限公司

9.1.2　制备工艺

整个制备工艺采用湿法制备方法。首先,称取 9.701 4 克 $Bi(NO_3)_3 \cdot 5H_2O$ 加入 30 毫升浓度为 2 mol/L 的 HNO_3 溶液中,通过超声震荡完全溶解,使溶液变得澄清透明。然后,在恒温磁力搅拌器上加热至一定温度,并逐滴加入由沸水配制的浓度为 2 mol/L 的 NaOH 溶液,产生白色沉淀。调节并保持混合液的 pH 值为碱性,沉淀逐渐变为淡黄色。持续恒温搅拌直到液体即将蒸干停止反应。然后,使用去离子水和无水乙醇分别进行三次洗涤材料,并在 80 ℃烘箱中烘干。最后,将烘干后的材料进行研磨处理。氧化铋材料如图 9.1 所示。

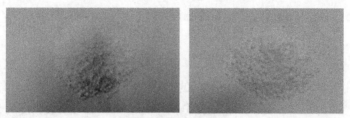

图 9.1　氧化铋材料

9.2　性能测试

通过使用 8.2 中介绍的指标和测试系统,将催化剂置于系统中进行测试。主要测试的污染物成分包括 HC、CO、CO_2 和 NO_x,在紫外光和自然光条件下进行实验。这可以揭示催化剂在可见光光谱中的净化效率,并确定将催化剂的响应光领域扩展到全光谱后,不同成分的影响程度和受到的影响程度。

9.3　结构表征

9.3.1　XRD

本文采用 Bruker AXS 公司生产的 D8 ADVANCE 型 X 射线衍射仪进行分析,扫描范围为 10°~80°。图 9.1 显示了纳米 Bi_2O_3 的 XRD 图谱。从图中可以观察到,经过 500 ℃煅烧的纳米 Bi_2O_3 具有锐钛矿相晶型,并且具有多个晶面的衍射峰。

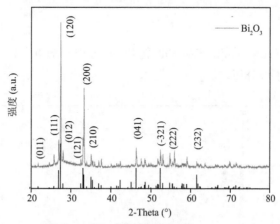

图 9.2　Bi_2O_3 材料的 XRD 图

由图 9.2 可得知, Bi_2O_3 材料的 XRD 图谱显示出许多尖锐而窄的峰,表明制备的 Bi_2O_3 材料具有良好的结晶度。在 2θ =27.398° 处,存在一个最强和最尖锐的特征衍射峰,对应着(120)晶面。在 2θ =33.361° 处,是整个图谱中第二高的特征衍射峰,对应着（200）晶面。其他位置的特征衍射峰强度较小。

9.3.2　FT-IR

本文使用赛默飞世尔科技公司生产的 Nicolet Is10 型傅里叶变换红外光谱仪进行测试。光谱范围为 7 800~350 cm^{-1}，光谱分辨率优于 0.4 cm^{-1}，波数精度为 0.01 cm^{-1}。

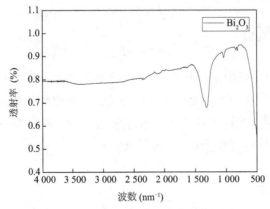

图 9.3　氧化铋材料的红外光谱分析图

图 9.3 展示了氧化铋材料的红外光谱分析图。从图中可以观察到在 500-700 cm^{-1} 范围内存在 Bi_2O_3 八面体中 Bi-O 键的伸缩振动峰。这些峰的强度较小，可能是由于在合成过程中发生了团聚等现象。在 1 650 cm^{-1} 处出现了羟基官能团的伸缩振动峰，表明氧化铋材料具有强氧化性的羟基。

9.3.3　EDS

本文使用 Zeiss GeminiSEM 500 型功能场发射扫描电子显微镜进行材料的微观形貌观察和元素组成分析。

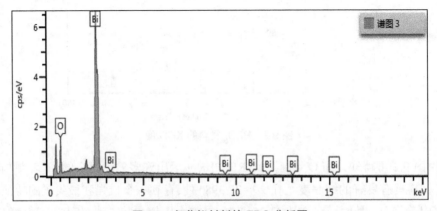

图 9.4　氧化铋材料的 EDS 分析图

从图 9.4 的氧化铋材料的 EDS 图可以观察到主要含有 Bi 和 O 元素，表明形成的物质是纯氧化铋材料，其含量分别为 75.21% 和 24.79%。根据元素比例，n_O 与 n_{Bi} 的比值约为 0.25，小于制备配比 0.6。可能的原因是在制备过程中，Bi 元素在催化剂表面发生了堆积，导致不均匀现象。但总体来说，仍然在预期范围内。结合扫描电镜图，可以观察到材料的结晶度较为均匀。

9.3.4　SEM

本文采用 Zeiss GeminiSEM 500 型全功能场发射扫描电子显微镜进行材料的微观形貌观察和元素组成分析。

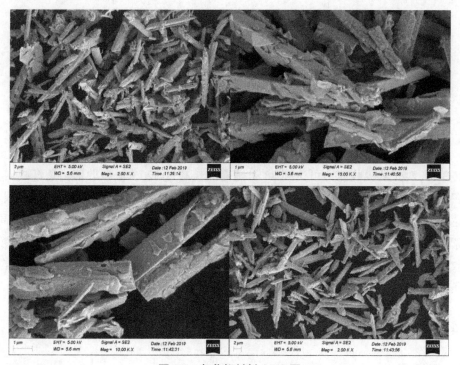

图 9.5　氧化铋材料 SEM 图

从图 9.5 中可以看出，在不同倍数下观察到的氧化铋材料呈现出棒状或花状结构。花状晶体整体呈针状交叉生长，具有良好的结晶性和较轻的团聚程度。与其他材料相比，各个材料之间基本没有出现团聚现象，这表明材料在制备过程中所受到的条件相对适合。此外，各个晶体之间的孔隙相对均匀，对尾气中的氮氧化物、碳氢化合物和二氧化碳等有良好的吸收能力。尺寸方面，氧化铋材料的粒径较大，具有较好的分散性和比表面积，能够更好地与其他材料复合。尽管晶粒尺寸较大，但仍然可以作为优秀的尾气净化催化剂材料，形成互补优势。

9.3.5　紫外 - 可见

本文采用 PerkinElmer 公司生产的 PE Lambda950 紫外 - 可见 - 近红外分光光度计进行检测分析。测试扫描范围为 200~800 nm,紫外和可见光区的波长准确度为 ± 0.8 nm。

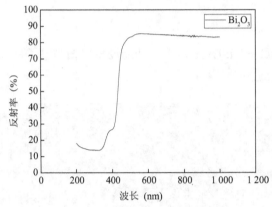

图 9.6　Bi₂O₃ 的 UV-VIS 反射图

由图 9.6 可知, Bi₂O₃ 材料在紫外光条件下表现出较强的吸收能力。在 320 nm 以下, Bi₂O₃ 对光的吸收能力可达到 88%,随着波长超过 320 nm,吸收能力逐渐减弱,大约在 380 nm 时趋于稳定,吸收能力为 83%。在超过 405 nm 后,吸收能力进一步减弱,到达 500 nm 时,吸收能力完全稳定在 14%。从结果来看, Bi₂O₃ 对光的利用不仅局限于紫外光,还对可见光有一定的吸收能力。其中,在 500 nm 后的可见光和紫外光领域吸收能力较弱,但仍可达到 14%。这说明 Bi₂O₃ 材料的禁带宽度小于 2.85 eV,在自然光条件下,其净化效率比紫外光更高。

9.4　结果与讨论

9.4.1　原理分析

氧化铋材料属于半导体材料,其净化污染物的原理基于半导体能带理论。氧化铋材料在光照下吸收光能,通常包括紫外光和可见光。光能的吸收使得材料中的电子从价带跃迁到导带,形成光生电子和光生空穴。光生电子是从价带跃迁到导带的电子,具有高能量;光生空穴则是在价带形成的正电荷空穴。这两者是光催化反应的关键组分。光生电子和光生空穴与污染物分子发生反应。光生电子可以氧化污染物,将其转化为无害的产物;光生空穴则参与还原反应,将污染物分子还原为较为稳定的物质。

9.4.2　pH 值对净化效果的影响

在氧化铋材料的制备过程中,涉及不同的 pH 值。因此,在本节中采用了 9.1.2 节中的制备工艺,并仅控制 pH 值作为一个变量,分别设定 pH 值为 6、8、10 和 12。本实验使用了自然光和紫外光两种不同的光源,主要是因为氧化铋材料的禁带宽度较小,在除紫外光以外的其他光域中也能发生光催化反应。对于每个 pH 值,制备了 2 个样品,分别命名为 3-1、3-2、3-3、3-4、3-5、3-6、3-7 和 3-8。然后将这 8 个样品置于环境箱中进行净化过程测试,并分别计算净化率。最后,根据可见光和紫外光分别绘制以下四种组分的净化率对比图。

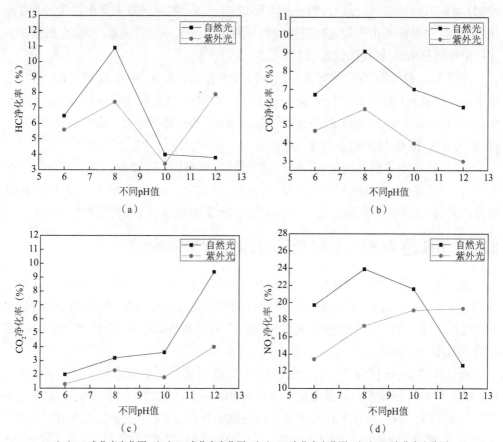

（a）HC 净化率变化图　（b）CO 净化率变化图　（c）CO_2 净化率变化图　（d）NO_x 净化率变化图

图 9.7　不同 pH 值制备条件下尾气中各组分别在可见光和紫外光条件下净化率对比

由图 9.7(a)可知,在自然光条件下,当 pH 值分别为 6、8、10 和 12 时,HC 的净化效率最高的是 pH 值为 8。当 pH 值小于 8 时,HC 的净化效率随着 pH 值的升高而增加;当 pH 值超过 8 时,HC 的净化效率随着 pH 值的升高而降低。在紫外光条件下,pH 值为 6、8、10 和 12 的样品对于 HC 的净化效率最高的是 pH 值为 8。然而,当 pH

值为 12 时出现了一个增加的趋势,这可能是由于数据在进行补偿误差后出现了一定的偏差。因此,根据 HC 这一单一组分来看,最佳的制备 pH 值是 8。

由图 9.7(b)可知,在自然光和紫外光条件下,CO 的净化率具有相同的规律。当 pH 值分别为 6、8、10 和 12 时,CO 的净化效率最高的是 pH 值为 8。当 pH 值小于 8 时,CO 的净化效率随着 pH 值的升高而增加;当 pH 值超过 8 时,CO 的净化效率随着 pH 值的升高而降低。因此,根据 CO 这一单一组分来看,最佳的制备 pH 值是 8。

由图 9.7(c)可知,在自然光和紫外光条件下,CO_2 的净化率具有相同的规律。当 pH 值分别为 6、8、10 和 12 时,CO_2 的净化效率最高的是 pH 值为 8。当 pH 值小于 8 时,CO_2 的净化效率随着 pH 值的升高而增加;当 pH 值超过 8 时,CO_2 的净化效率随着 pH 值的升高而降低。最后,当 pH 值为 12 时,CO_2 的净化效率反而高于 pH 值为 10 的情况,这可能是由于数据在进行补偿误差后出现了一定的偏差。因此,根据 CO_2 这一单一组分来看,最佳的制备 pH 值是 8。

由图 9.7(d)可知,在自然光条件下,当 pH 值分别为 6、8、10 和 12 时,NO_x 的净化效率最高的是 pH 值为 8。当 pH 值小于 8 时,NO_x 的净化效率随着 pH 值的升高而增加;当 pH 值超过 8 时,NO_x 的净化效率随着 pH 值的升高而降低。在紫外光条件下,pH 值为 6、8、10 和 12 的样品对于

HC 的净化效率最高的是 pH 值为 10。最后,当 pH 值为 12 时,NO_x 的净化效率基本与 pH 值为 10 的情况相当。然而,在自然光条件下,pH 值为 8 时,NO_x 的净化效率是最高的。因此,根据 NO_x 这一单一组分来看,最佳的制备 pH 值仍然是 8。

9.4.3　pH 值为 8 时不同光源对净化效果的影响

根据上述研究,可以得知在制备 pH 值为 8 的条件下,四种组分的净化效率最高。在 pH 值为 8 的情况下,各个组分在 60 分钟内的净化速率在每个 10 分钟阶段内是如何变化的。净化效率的数据经过 8.2.2 中表 8.2 的误差补偿得出,每个 10 分钟时间段的净化效率是不同的。

当选择制备 pH 值为 8 的氧化铋材料时,根据图 9.7 可知,在自然光条件下,HC、CO、CO_2 和 NO_x 四种组分的净化效率分别为 10.9%、9.1%、3.2% 和 23.9%;在紫外光条件下,HC、CO、CO_2 和 NO_x 四种组分的净化效率分别为 7.4%、5.9%、2.3% 和 17.3%。总体来看,图 9.8 中的(a)、(b)、(c)和(d)呈现凹曲线,说明随着时间推进,各种成分的净化速率在前期较快,后期变缓,这符合整体的净化规律。对于每张图来说,都包括紫外光和自然光条件下的净化情况。在自然光条件下,HC 的净化效率比在紫外光条件下高 3.5%,CO 的净化效率比在紫外光条件下高 3.2%,CO_2 的净化效率在自然光和紫外光条件下差别不大,仅高出 0.8%;NO_x 在自然光条件下的净化效率比在紫外光条件下高 6.6%。无论是紫外光还是可见光,HC、CO 和 CO_2 的净化效率相对较低,而

NO_x 的净化效率最高可达 20% 以上。因此,选择制备 pH 值为 8 的氧化铋材料比较合适。与前一章的氧化铈材料相比,氧化铋材料在自然光和紫外光条件下的四种组分整体净化效率较低。这主要是因为氧化铋材料缺乏储存氧的结构特点,与氧化铈材料不同。

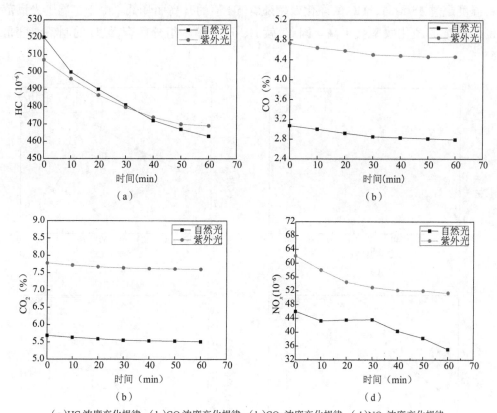

（a）HC 浓度变化规律　（b）CO 浓度变化规律　（b）CO_2 浓度变化规律　（d）NO_x 浓度变化规律

图 9.8　pH 值为 8 的制备条件下尾气中各组分别在可见光和紫外光条件下净化率对比

9.4.4　反应温度对净化效果的影响

在氧化铋材料的制备过程中,涉及到不同的制备温度。因此,本节采用了 9.1.2 中的制备工艺,只控制了制备温度这个变量。制备温度分别设为 25 ℃、45 ℃、65 ℃ 和 85 ℃。本实验主要采用了自然光和紫外光这两种不同的光源。这是因为氧化铋材料的禁带宽度比较小,能够在除了紫外光之外的其他光谱范围内发生光催化反应。因此,每个制备温度需要制备两个样品,分别标记为 3-9、3-10、3-11、3-12、3-13、3-14、3-15 和 3-16。然后,将这 8 个样品放置在环境箱中进行净化过程测试,并分别计算净化率。根据可见光和紫外光绘制以下四种组分的净化率对比图。

根据图 9.9（a），在自然光条件下，当制备温度分别为 25 ℃、45 ℃、65 ℃ 和 85 ℃

时,HC 的净化效率最高的是制备温度为 65 ℃时。当制备温度低于 65 ℃时,随着制备温度的升高, HC 的净化效率也升高;当制备温度超过 65 ℃时, HC 的净化效率随着 pH 值的升高而降低。在紫外光条件下,趋势与自然光条件下大致相同,但峰值出现在 45 ℃。当制备温度低于 45 ℃时,随着制备温度的升高, HC 的净化效率也升高;当制备温度超过 45 ℃时, HC 的净化效率随着 pH 值的升高而降低。由于扩展了光谱范围, 65 ℃的净化效率会更高。因此,就 HC 这个单一组分而言,最佳的制备温度是 65 ℃。

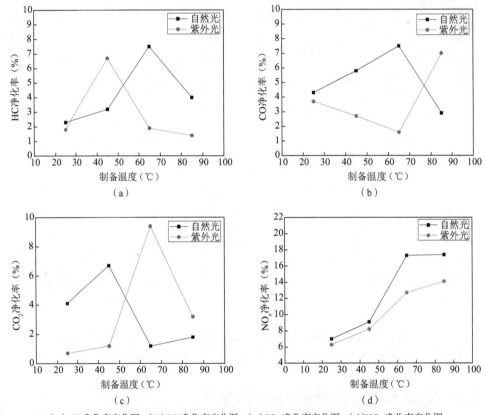

（a）HC 净化率变化图　（b)CO 净化率变化图　（c)CO_2 净化率变化图　（d)NO_x 净化率变化图

图 9.9　不同制备温度条件下尾气中各组分在可见光和紫外光条件下净化率对比

由图 9.9（b）可知,在紫外光条件下, CO 的净化率出现异常。随着制备温度的升高,CO 的净化率先降低后增高,低谷出现在 65 ℃。可能是因为在紫外光条件下,制备的氧化铋材料对 CO 的净化效果并不好,尽管仍然有一定的净化效果,但不够明显。在自然光条件下,CO 的净化率呈现峰值,峰值出现在制备温度为 65 ℃处。整体而言,自然光的净化效率比紫外光更好,说明氧化铋材料能够将响应光谱范围扩展到可见光区域,这符合氧化铋材料禁带宽度较小的特点。因此,对于 CO 这个单一组分来说,最佳的制备温度是 65 ℃。

由图 9.9(c)可知,无论在自然光还是紫外光条件下,CO_2 的净化效果都存在峰值。在紫外光条件下,峰值出现在 65 ℃,而在自然光条件下,峰值出现在 45 ℃。理论上来说,紫外光条件下峰值处的净化率不应该高于自然光条件下的净化率,但这种情况确实发生了,可能是在制备过程中样品之间存在差异。从这个角度来看,氧化铋材料在 CO_2 净化方面的效果一般。然而,无论在哪种光源条件下,对二氧化碳的净化效果都是存在的。

由图 9.9(d)可知,在自然光条件下,当制备温度分别为 25 ℃、45 ℃、65 ℃和 85 ℃时,NO_x 的净化效率存在峰值。在自然光条件下,制备温度为 65 ℃时,NO_x 的净化效率最高。当制备温度低于 65 ℃时,随着制备温度的升高,NO_x 的净化效率也升高;当制备温度超过 65 ℃时,NO_x 的净化效率随着制备温度的升高而降低。在紫外光条件下,制备温度为 65 ℃时,NO_x 的净化效率不再增加,综合紫外光和可见光的图形来看,65 ℃处的净化效率最好。因此,对于 NO_x 这个单一组分来说,最佳的制备温度仍然是 65 ℃。

9.4.5　反应温度为 65 ℃时不同光源对净化效果的影响

根据之前的研究结果可知,在制备温度为 65 ℃的条件下,净化效率最高。现在我们将重点研究在最佳制备温度 65 ℃下,不同光源对 HC、CO、CO_2 和 NO_x 这四种组分的净化效果在 60 分钟内每 10 分钟阶段的变化情况。具体的变化过程如图 9.10 所示。

当制备温度为 65 ℃时,根据图 9.9 的结果可知,在自然光条件下,HC、CO、CO_2 和 NO_x 这四种组分的净化效率分别为 7.5%、7.5%、1.2% 和 17.3%;在紫外光条件下,HC、CO、CO_2 和 NO_x 这四种组分的净化效率分别为 1.9%、1.6%、9.4% 和 12.7%。总体而言,图 9.10 中的(a)、(b)、(c)和(d)呈现凹曲线的形态,表明随着时间的推进,各种组分的净化速率在前期较快,后期变缓,这符合整体净化规律。每张图中都包括自然光和紫外光两种条件下的净化效果。在自然光条件下,HC 的净化效率比紫外光条件下高出 5.6%;CO 的净化效率比紫外光条件下高出 5.9%;CO_2 的净化效率出现异常,但无论是在自然光条件下还是紫外光条件下,基本上都有一定的净化效果;NO_x 在自然光条件下,净化效率比紫外光条件下高出 4.6%。无论是紫外光还是可见光,HC、CO 和 CO_2 的净化效率较低,而 NO_x 的净化效率稍高,但均未达到 20%。因此,不能单独将氧化铋材料作为尾气净化材料,但可以与其他材料相互促进进行净化。选择制备温度为 65 ℃的氧化铋材料比较合适。与前一章的氧化铈材料相比,在自然光和紫外光两种光照条件下,氧化铋材料的四种组分总体净化效率都较低。这主要是因为氧化铋材料没有氧化铈材料的储放氧结构特点。

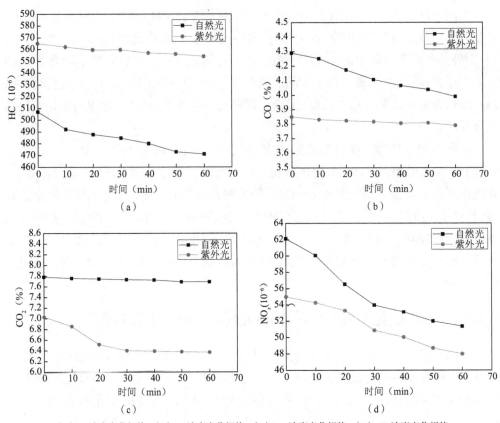

（a）HC 浓度变化规律　（b）CO 浓度变化规律　（c）CO_2 浓度变化规律　（d）NO_x 浓度变化规律

图 9.10　不同光源条件下制备温度为 65 ℃对尾气各成分光催化性能影响

第 10 章　铈铋固溶体材料的净化效果测试及表征

铈铋固溶体材料是为了充分结合氧化铈和氧化铋的优点而制备的。主要从尾气净化测试的角度出发,确定最佳配比,然后对具有最佳净化效果的材料进行微观表征,并与单一的氧化铈和氧化铋进行比较,通过宏观和微观两个方面解释促进净化效率的原因。

10.1　铈铋固溶体材料的制备

10.1.1　原材料及仪器

本章所需的实验原材料主要包括硝酸铋、硝酸铈、氨水、乙二醇和无水乙醇。所有原材料均为军事分析纯。所用的实验仪器如表 10.1 所示。

表 10.1　实验仪器

名称	型号	厂家
聚四氟乙烯反应釜	100 mL	上海浦东物理光学仪器厂
电子天平	FA2004B	上海精科天美科学仪器有限公司
电热鼓风干燥箱	101-2 A	北京科伟永兴仪器有限公司
磁力搅拌器	SX-4-10	北京科伟永兴仪器有限公司

10.1.2　制备工艺

本制备工艺采用湿法制备。首先将 9.7 克(约 0.02 摩尔)硝酸铋和 2.17 克(约 0.005 摩尔)硝酸铈加入 70 毫升乙二醇溶液中。然后使用浓氨水调节溶液的 pH 值至 5,并使用磁力搅拌器搅拌一段时间,直到溶液变为透明。接下来,将溶液以 80% 的填充率转移到聚四氟乙烯反应釜中。在保温干燥箱中保持 160 ℃反应 24 小时。反应结束后,用 50% 乙醇溶液洗涤固体数次,并在保温干燥箱中进行干燥。最后,在马弗炉中以 600 ℃进行 2 小时的灼烧,冷却后使用行星球磨机进行研磨,即可得到掺有 0.25 摩尔比的氧化铈的氧化铋光催化剂。制备的样品标记为 B1。调整硝酸铈和硝酸铋的比值为 0.5、0.75 和 1,分别制备的样品标记为 B2、B3 和 B4,以获得不同掺量的铈铋固溶体光催化剂。制备的铈铋固溶体材料如图 10.1 所示。

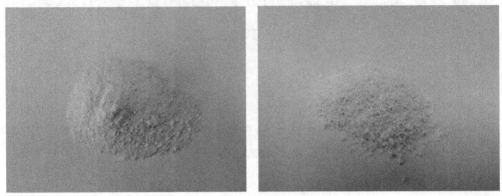

图 10.1　铈铋固溶体材料

10.2　性能测试

通过使用 8.2 中介绍的指标和测试系统,将催化剂放入系统进行测试,主要测试的污染物成分包括 HC、CO、CO_2 和 NO_x。实验在紫外光和自然光条件下进行,以观察催化剂在可见光范围内的净化效率,并确定光响应领域扩展到全光谱时,不同成分的影响程度。

10.3　结构表征

尾气净化的关键是光催化材料对光的利用效率。因此,需要进行紫外可见光实验验证,并使用 XRD、SEM 和 EDS 等方法验证材料制备过程中是否形成了稳定的晶体结构和均匀的形貌。此外,制备的光催化材料还需要进行特定的光能团的光催化反应,可以通过红外实验进行验证。

10.4　结果与讨论

10.4.1　净化效果分析

氧化铈材料具有良好的储氧功能,并在第二章中表现出对尾气各种成分的良好净化性能。当向氧化铈材料中掺入氧化铋时,可以改善其对尾气的净化效果。本实验采用了 10.1.2 中的制备工艺,只是改变了硝酸铈和硝酸铋的比例,分别采用了 0.25、0.5、

0.75 和 1 四个比例,其他制备条件保持一致。由于实验中使用了自然光和紫外光两种光源,因此进行了两组实验。第一组是自然光下的四个比例,标记为 10-1、10-2、10-3 和 10-4;第二组是紫外光下的四个比例,标记为 10-5、10-6、10-7 和 10-8。下图显示了以上八个样品在 8.2 的测试系统中进行测试得到的结果。

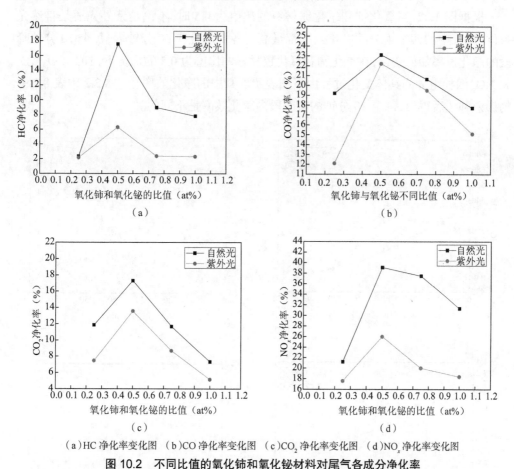

(a)HC 净化率变化图 (b)CO 净化率变化图 (c)CO_2 净化率变化图 (d)NO_x 净化率变化图

图 10.2 不同比值的氧化铈和氧化铋材料对尾气各成分净化率

从 10.2 的四幅图可以看出,自然光的净化率高于紫外光的净化率。不论是紫外光还是自然光下进行测试,每种成分都有一个峰值,大致在 0.5 左右。当氧化铈和氧化铋的比值小于 0.5 时,随着比值的增加,各个组分的净化率增加;当超过 0.5 时,净化率降低。根据以上结论可以推测,最佳的氧化铈和氧化铋的比值是 0.5。从第二章和第三章的实验结果可以看出,氧化铈比氧化铋材料的净化效果要好很多。当氧化铈与氧化铋的比值小于 0.5 时,氧化铈的比例应该更高,氧化铈包裹在氧化铋外面,而氧化铋材料掺杂在氧化铈的孔隙中,因此主要起作用的是氧化铈材料,氧化铋材料起辅助作用。当氧化铈和氧化铋的比值大于 0.5 时,氧化铋材料包裹着氧化铈材料,氧化铋材料起主导作用,氧化铈材料起辅助作用。根据第二章和第三章的实验结果,氧化铋材料的净化效率低于氧化铈材料,因此当比值低于 0.5 时,比值越大,净化效率越高;而当超过 0.5 时,比值越大,净化效率越低。然而,从图 10.1 中可以看出,当氧化铋材料掺杂到氧化铈材料中时,能够将光的作用范围从紫外光扩展到可见光甚至红外光领域。由于实验只分为紫外光和自然光条件,无法验证是否扩展到了红外光领域。

根据图 10.2,当氧化铈和氧化铋材料的比值为 0.5 时,不论是紫外光还是自然光条件,尾气中的四个组分的净化效率都最高。各个组分在 60 分钟内,每个 10 分钟阶段的净化速率如何变化,在氧化铈和氧化铋材料的比值为 0.5 的情况下,HC、CO、CO_2 和 NO_x 四种组分的具体变化过程由下图表示。其中的净化效率经过 8.2.2 中表 8.2 中的误差补偿后得出,每个 10 分钟的时间段内净化效率是不同的。

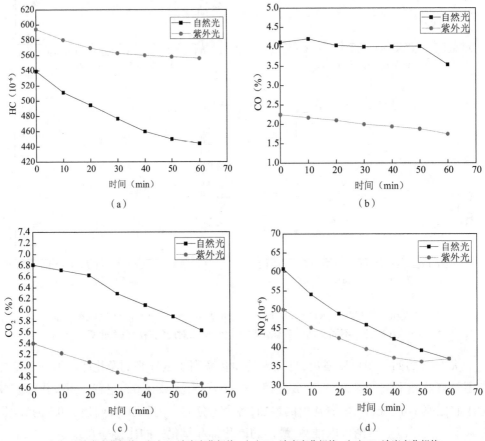

（a）HC 浓度变化规律　（b）CO 浓度变化规律　（c）CO_2 浓度变化规律　（d）NO_x 浓度变化规律

图 10.3　氧化铈和氧化铋的比值为 0.5 的时候对尾气各成分变化图

根据图 10.3,自然光条件下,HC、CO、CO_2 和 NO_x 四种组分的净化效率分别为 17.57%、23.1%、17.3% 和 39.1%;在紫外光条件下,HC、CO、CO_2 和 NO_x 四种组分的净化效率分别为 3.6%、22.22%、13.56% 和 26%。根据第二章得出的最佳 pH 值、最佳煅烧温度和最佳煅烧时长条件下,每种成分都在一个范围内。在自然光条件下,HC 的净化率在 6%~13%, CO 的净化率在 6%~17%, CO_2 的净化率在 5%-10%, NO_x 的净化率在 30%-34%。在紫外光条件下, HC 的净化率在 3%~6%, CO 的净化率在 3%~11%, CO_2 的净化率在 2%~10%, NO_x 的净化率在 18%~27%。由此可知,在自然光条件下,掺杂后, HC 的净化效率提高了 4%, CO 的净化效率提高了 6%, CO_2 的净化效率提高了 7%, NO_x 的净化效率提高了 5%。在紫外光条件下,掺杂后, HC 的净化效率变化不大, CO 的净化效率提高了 11%, CO_2 的净化效率提高了 3%, NO_x 的净化效率变化不大。从图形的趋势来看,都是凹曲线,说明在净化开始阶段,净化速度比较高,到了后面净化速度逐渐降低。

10.4.2　XRD 分析

本文使用了 Bruker AXS 公司生产的 D8 ADVANCE 型 X 射线衍射仪进行分析。测试条件为步进制,每步 0.02°,间隔 0.1 秒,水平速率扫描,扫描范围为 10° 至 80°。

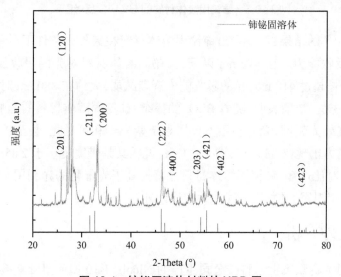

图 10.4　铈铋固溶体材料的 XRD 图

根据图 10.4,铈铋固溶体材料具有许多尖锐且窄的峰,因此形成的晶体具有较大且结晶程度较好的晶体。通过数据分析,得出晶格常数 a=7.739, b=7.739, c=5.635,因此铈铋固溶体材料属于六方晶系。从图 4.1 可以看出,铈铋固溶体材料的特征衍射峰主要分布在 2θ 等于 27.95°、33.039°、46.5° 和 55.51° 等位置,氧化铈的特征衍射峰主要分布在 2θ 等于 28.553°、33.081°、47.478°、56.334°、59.085°、69.4°、76.698° 和 79.067° 处,氧化铋材料的特征衍射峰主要分布在 2θ =27.398° 和 33.361° 处。通过比较铈铋固溶体材料与氧化铈以及氧化铋材料的特征衍射峰,可以看出随着氧化铋材料的掺杂,衍射峰略微向前推移。

10.4.3　可见 - 紫外分析

本文使用 Perkin Elmer 公司生产的 PE Lambda950 紫外 - 可见 - 近红外分光光度计进行检测和分析,测试的扫描范围为 200~800 nm。

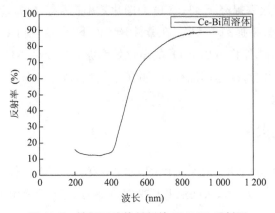

图 10.5　铈铋固溶体材料的 UV-VIS 反射图

根据图 10.5 的结果,可以看出铈铋固溶体材料在紫外光条件下对紫外光和可见光有较强的吸收能力。在 410 nm 以下,铈铋固溶体材料对光的吸收能力可以达到 86%。随着波长超过 410 nm,光的吸收能力逐渐减弱,大约在 880 nm 时趋于稳定,吸收能力约为 13%。结果表明,随着 Bi_2O_3 的掺杂,铈铋固溶体材料的光响应范围从可见光扩展到红外光领域,光的利用不仅局限于紫外光和可见光,甚至扩展到红外光。最弱的吸收能力出现在 880 nm 之后的 13%,说明其禁带宽度小于 2.85 eV。与图 8.5 和图 9.4 进行对比可知,铈铋固溶体材料显著提高了光催化的光利用率。因此,在自然光条件下,铈铋固溶体材料的净化效率比紫外光高。

10.4.4　红外分析

本文使用了赛默飞世尔科技公司生产的 Nicolet Is10 型傅里叶变换红外光谱仪,光谱测试范围为 7 800~350 cm^{-1}。从图 10.6 中可以看出, Bi_2O_3 八面体中的 Bi-O 键伸缩振动峰主要分布在 400-700 cm^{-1} 范围内。在 848 cm^{-1} 处存在一个强度较小的吸收峰,代表 Bi-O-Bi 键的振动峰。由于生成了 Bi-O-Ce 键,降低了 Bi-O-Bi 键的振动峰强度。红外光谱图中的 1 020 cm^{-1} 处存在一个 Bi-O 键的伸缩振动峰。1448 cm^{-1} 处的吸收峰是吸附的 CO_2 的碳氧双键伸缩振动峰,说明铈铋固溶体材料对污染物中的 CO_2 具有吸附作用。1 611-1 和 640 cm^{-1} 处的吸收峰是吸附水或羟基基团的 O-H 键伸缩振动峰,表明铈铋固溶体材料内部存在一部分未完全干燥的自由水。3410-3552 cm^{-1} 处的吸收峰是表面水分子或羟基基团的氢键伸缩振动峰,说明材料内部的结合水也未完全干燥。

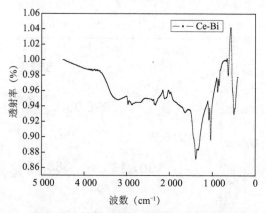

图 10.6　铈铋固溶体材料的红外光谱图

10.4.5　能谱分析

根据图 10.7 的结果可以看出，铈铋固溶体材料中含有 Bi 元素。在结合能约为 163.5 eV 处对应的是 Bi 4f(5/2)峰，而在 158.2 eV 处对应的是 Bi 4f(7/2)峰。这说明样品中的 Bi 元素以正三价形式存在。纯的 Bi_2O_3 的结合能大约为 164.0 eV 和 158.5 eV，而铈铋固溶体材料中的结合能稍微较低。这说明其中一部分是 Bi-O-Ce 键形成，由于 Ce 原子的电负性较铋原子小，因此结合能会降低。

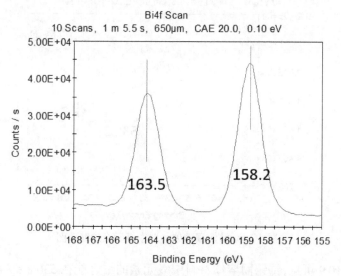

图 10.7　铈铋固溶体材料中铋元素的能谱图

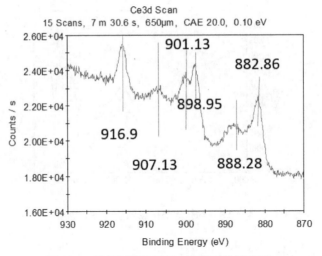

图 10.8　铈铋固溶体材料中铈元素的能谱图

从图 10.8 可以得知,铈铋固溶体材料中铈元素有 6 个结合能峰,分别位于 916.90 eV、907.17 eV、901.13 eV、898.95 eV、888.28 eV 和 882.86 eV 处。前三个峰与 Ce 3 d (3/2)峰相对应,后三个峰与 Ce 3 d(5/2)峰相对应。前三个峰对应 Ce-O 键的形成,后三个峰对应 Bi-O-Ce 键的形成。

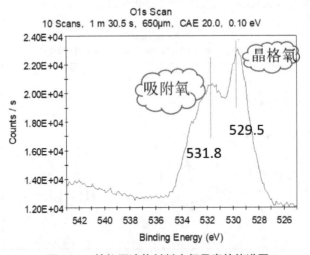

图 10.9　铈铋固溶体材料中氧元素的能谱图

根据图 10.9 可见,铈铋固溶体材料中氧元素的结合能在 530.8 eV 和 528.5 eV 处分别对应吸附氧和晶格氧的峰。吸附氧是光催化反应中氧化有机污染物的重要中间体,它能够与光生电子或空穴发生反应,并有助于抑制光生电子和空穴的复合作用,从而提高 Bi_2O_3 的可见光催化活性。

10.4.6　扫描电镜分析

本文使用型号为 Zeiss GeminiSEM 500 的全功能场发射扫描电子显微镜对材料的微观形貌进行观察和元素组成分析。铈铋固溶体材料采用 10.1.2 中描述的制备工艺进行制备。图 10.9 显示了在最佳掺量为 0.5at% 条件下制备的铈铋固溶体材料的扫描电镜图像。

（a）　　　　　　　　　　　　　　　（b）

图 10.10　铈铋固溶体材料的 SEM 图

从图 10.10（a）可以观察到整个 SEM 图中存在棒状和六边形的形貌。结合 8.3.4 和 9.3.4 中的 SEM 图，可以看出氧化铈材料呈现规则的六边形形貌，而氧化铋材料呈现棒状或花状结构，这在图 10.10（b）中也能观察到。此外，棒状材料存在于六边形颗粒的内部，相互形成独特的掺杂结构。棒状的氧化铋材料均匀分布在六边形的氧化铈材料中，这充分展示了铈铋固溶体材料是相互掺杂的结果，并形成了光催化材料所必需的结构。

第 11 章　白炭黑对铈铋固溶体材料的影响

铈铋固溶体材料对汽车尾气具有一定的净化效率,但与其他光催化材料相比,某些成分的净化效率存在差距。从提升其自身的净化效率方面来说比较困难,但从吸附角度来考虑仍然是有可能的。白炭黑材料是一种理想的物理吸附材料,将其与铈铋固溶体材料结合可能会提高净化效率。

白炭黑是指白色粉末状的无定形硅酸和硅酸盐产品,是一种多孔的二氧化硅材料。白炭黑具有高耐久性和机械强度,并广泛用于催化剂载体领域。随着光催化反应的广泛应用,白炭黑作为载体材料也受到科研工作者的青睐。白炭黑的制备工艺包括气相法和沉淀法。气相白炭黑是一种纳米材料,具有较小的密度和较大的比表面积,由于几乎不溶于任何溶剂,具有良好的耐久性,因此可以用作催化剂的载体。通过将白炭黑材料与铈铋固溶体材料结合,可以从孔径吸附角度提高其净化能力。

11.1　气相法制备白炭黑铈铋固溶体材料

11.1.1　原材料及仪器

制备气相白炭黑铈铋固溶体材料所需的原材料主要包括硝酸铋、硝酸铈、氨水、乙二醇、无水乙醇和气相白炭黑。各种原材料均为分析纯。实验所需的仪器如表 11.1 所示。

表 11.1　实验仪器

名称	型号	厂家
聚四氟乙烯反应釜	100 mL	上海浦东物理光学仪器厂
电子天平	FA2004B	上海精科天美科学仪器有限公司
电热鼓风干燥箱	101-2 A	北京科伟永兴仪器有限公司
磁力搅拌器	SX-4-10	北京科伟永兴仪器有限公司

11.1.2　气相白炭黑铈铋固溶体催化剂制备工艺

原材料中的白炭黑为气相纳米白炭黑,难溶于酸、碱和水等溶剂。因此,采用先制备铈铋固溶体材料的方法,然后通过混合的方式制备不同掺量的光催化材料。具体操作步骤如下：将硝酸铈（约 0.01 mol）和硝酸铋（0.02 mol）加入乙二醇溶液中，使用浓氨水调节溶液的 pH 值为 5。搅拌一段时间后，持续搅拌 30 分钟，然后加入适量的气相白炭黑，继续搅拌 1 小时。将溶液以 80% 的填充率转移到聚四氟乙烯内衬釜中，在 160 ℃ 下反应 24 小时。得到的固体样品用 50% 乙醇溶液洗涤数次，然后进行烘干。最后，在 600 ℃ 下进行煅烧 2 小时，冷却后进行研磨，即可得到不同掺量白炭黑的铈铋固溶体光催化剂（Ce：Bi=0.5）。采用上述方法制备了 8 组铈铋固溶体材料，唯一的区别是分别加入了 2.5at%、2.5at%、5at%、5at%、7.5at%、7.5at%、10at% 和 10at% 的气相白炭黑，分别记为 α1、α2、β1、β2、γ1 和 γ2，即为不同掺量的气相白炭黑铈铋固溶体催化剂。制备的气相白炭黑掺杂铈铋固溶体材料如图 11.1 所示。

图 11.1　白炭黑掺杂铈铋固溶体材料

11.2　性能测试及结构表征

主要利用 8.2 中介绍的指标和测试系统对催化剂进行测试，测试污染物成分主要包括 HC、CO、CO_2 和 NO_x。实验在紫外光和自然光条件下进行，以评估催化剂在可见光范围内的净化效率。同时，通过将催化剂的响应光领域扩展到全光域，可以观察到白炭黑在最佳掺量下的最高净化效率。

添加白炭黑的目的是从孔吸附的角度考虑光催化性能是否受到影响，因此需要进行 BET 实验来测试吸附性能，并通过 SEM 验证材料制备过程是否形成了均匀的形貌。

11.3　气相白炭黑掺杂铈铋固溶体材料的微观表征

11.3.1　气相白炭黑掺杂铈铋固溶体的比表面积和吸附特性分析

本吸附实验使用麦克仪器公司的 Auto Chem 2920 化学吸附仪进行,该仪器可以提供催化剂、催化剂载体和其他材料的物理特性信息,并在 150 ℃下进行吸附脱附实验。

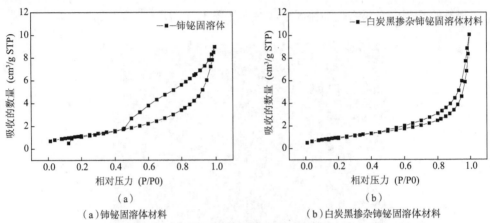

（a）铈铋固溶体材料　　　　　　　（b）白炭黑掺杂铈铋固溶体材料

图 11.2　铈铋固溶体材料和白炭黑掺杂铈铋固溶体材料吸附等温曲线

从图 11.2（a）可以看出,铈铋固溶体材料的吸附性能很差,因此可以得出铈铋固溶体材料在尾气净化方面仅具有自身作用。而从图 11.2（b）可以观察到,随着白炭黑的掺杂,净化材料的吸附性能得到了增强。根据前文所述,白炭黑材料主要以孔吸附为主,因此可以认为白炭黑的孔吸附导致了净化性能的提高。

11.3.2　气相白炭黑掺杂铈铋固溶体的 SEM 图

从图 11.3 可以观察到,白炭黑材料和铈铋固溶体光催化材料相结合,其中许多是六边形的氧化铈材料,还有许多是棒状的氧化铋材料。氧化铈和氧化铋材料相互掺杂,并均匀地分布在气相白炭黑表面。另外,由于以气相白炭黑为载体,材料的尺寸比铈铋固溶体材料大得多。还可以观察到气相白炭黑是一种多孔材料,具有纳米级别的大孔隙结构。

图 11.3　气相白炭黑掺杂铈铋固溶体材料 SEM 图

11.4　气相白炭黑掺量对铈铋固溶体性能的影响

11.4.1　气相白炭黑掺量对尾气净化效果的影响

根据第四章的尾气净化测试结果,仅依靠铈铋固溶体材料本身无法同时将尾气中的每个成分净化至较高水平。HC、CO、CO_2 和 NO_x 的净化水平最高分别为 16%、23%、20% 和 39%,平均水平仅为 8.7%、17%、11% 和 26%。虽然表面看起来不错,但要同时达到如此高水平仍然很困难。为了提高铈铋固溶体材料的净化效率,本章在制备过程中添加了白炭黑材料。由于白炭黑材料本身具有大孔隙结构,可以从物理吸附的角度促进铈铋固溶体材料与尾气各成分充分接触,从而促进反应进行。本实验主要利用 8.2 中介绍的指标和测试系统,在紫外光和自然光条件下对催化剂进行测试,主要测试污染物成分为 HC、CO、CO_2 和 NO_x。α1、β1、61 和 γ1 作为自然光条件下的测试样本,而 α2、β2、62 和 γ2 则作为紫外光条件下的测试样本。

根据图 11.4(a)的结果可知,在自然光条件下,当气相白炭黑掺量分别为 2.5at%、5at%、7.5at% 和 10at% 时,HC 的净化效率最高的是气相白炭黑掺量为 7.5at% 的情况。当气相白炭黑掺量小于 7.5at% 时,随着气相白炭黑掺量的增加, HC 的净化效率也随之增加。当气相白炭黑掺量超过 7.5at% 时,随着气相白炭黑掺量的增加, HC 的净化效率反而下降。在紫外光条件下和自然光条件下的趋势大致相同,但是从单独考虑自然光和紫外光两个条件的角度来看,自然光在每个相同的掺量下的净化效率总体上要高于紫外光。这也从侧面说明,在扩展光谱范围后,气相白炭黑掺量为 7.5at% 时具有更高的净化效率。因此,对于单一组分 HC 来说,最佳的气相白炭黑掺量为 7.5at%。

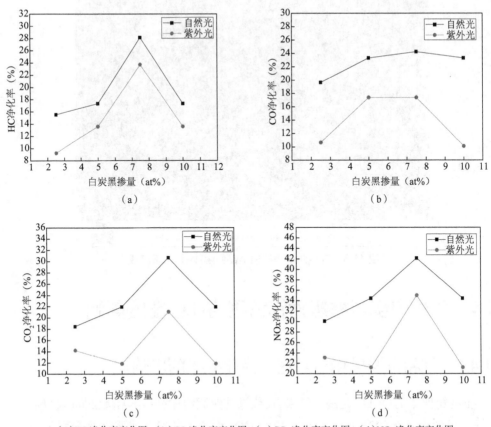

（a）HC 净化率变化图　（b）CO 净化率变化图　（c）CO_2 净化率变化图　（d）NO_x 净化率变化图

图 11.4　不同掺量气相白炭黑制备条件下铈铋固溶体材料对尾气的净化率影响

由图 11.4（b）可知,在紫外光条件下,CO 的净化率在气相白炭黑掺量为 5at% 和 7.5at% 时表现相似,都高于 2.5at% 和 10at% 的情况。随着制备温度的升高,CO 的净化率先增加后降低,峰值出现在 7.5at% 处。在自然光条件下,峰值同样出现在 7.5at% 处。自然光的净化效率整体上优于紫外光,这说明气相白炭黑掺杂铈铋固溶体材料能够将响应光谱范围扩展到可见光,这也符合氧化铋和氧化铈材料禁带宽度较小的事实。因此,对于单一组分 CO 来说,最佳气相白炭黑掺量为 7.5at%。

由图 11.4（c）可知,在自然光和紫外光条件下,CO_2 的净化率都存在一个峰值,峰值出现在 7.5at% 处。在紫外条件下,峰值处的净化率较自然光的净化率低。根据第四章的结论,铈铋固溶体材料能够将反应的光谱范围从紫外光扩展到自然光,但是加入白炭黑后,CO_2 的净化率提高了约 5%。从这个角度来看,白炭黑的加入能够提高二氧化碳的净化效果。

由图 11.4（d）可知,在自然光和紫外光条件下,NO_x 的净化率都存在一个峰值,峰值出现在 7.5at% 处。在紫外条件下,峰值处的净化率较自然光的净化率低。根据第四章的结论,铈铋固溶体材料能够将反应的光谱范围从紫外光扩展到自然光,但是加入气相白炭黑后,NO_x 的净化率提高了约 5%。从这个角度来看,白炭黑的加入能够提高氮氧化物的净化效果。

11.4.2　气相白炭黑最佳掺量对光源尾气净化效果的影响

从以上四幅图的讨论来看,所有组分的最佳净化效率都在气相白炭黑掺量为 7.5at% 的条件下达到。每个图中,在紫外光条件下的净化效率都低于自然光条件下的效率,这表明气相白炭黑利用其多孔特性促进了尾气与铈铋固溶体材料的充分接触。与纯铈铋固溶体材料相比,每个组分的净化效率都大幅提高。采用多孔吸附特性作为载体不仅能使铈铋固溶体材料分散,还能将尾气分子束缚在载体的各个孔隙表面。当气相白炭黑掺量为 7.5at% 时,在 60 分钟内的每个 10 分钟阶段内,各组分的净化速率有所变化。具体的变化过程如下图所示,其中净化效率经过 8.2.2 中表 8.2 的误差补偿后得出,每个 10 分钟的时间段内净化效率都不同。

根据图 11.5,自然光条件下,HC、CO、CO_2 和 NO_x 四种组分的净化效率分别为 28.14%、24.25%、30.68% 和 42.15%;在紫外光条件下,HC、CO、CO_2 和 NO_x 四种组分的净化效率分别为 23.71%、10.5%、21.07% 和 35%。根据第四章得出的最佳掺量为 0.5 的条件,每种成分的净化率都在一定范围内。自然光条件下,HC 的净化率在 2%~13% 之间,CO 的净化率在 2%~23% 之间,CO_2 的净化率在 5%~17% 之间,NO_x 的净化率在 21%~39% 之间;在紫外光条件下,HC 的净化率在 9%~23% 之间,CO 的净化率在 12%~22% 之间,CO_2 的净化率在 7%~20% 之间,NO_x 的净化率在 21%~35% 之间。因此可以看出,自然光条件下,掺杂后,HC 的净化效率提高了 5%,CO 的净化效率提高了 1%,CO_2 的净化效率提高了 13%,NO_x 的净化效率提高了 3%;在紫外光条件下,掺杂后,HC 的净化效率变化不大,CO 的净化效率提高不大,CO_2 的净化效率提高了 1%,NO_x 的净化效率变化不大。

从趋势图可以看出,所有情况下的净化效率都呈凹曲线,这表明在净化开始阶段,净化速度较快,后期逐渐降低。总体而言,自然光条件下的净化效率随着气相白炭黑的增加而增加,尽管在紫外光条件下,掺杂气相白炭黑后的铈铋固溶体材料与未掺杂材料相比净化效率提升不大,但相对于未掺杂材料的最高净化效率水平,平均水平下净化效率仍有显著提高。

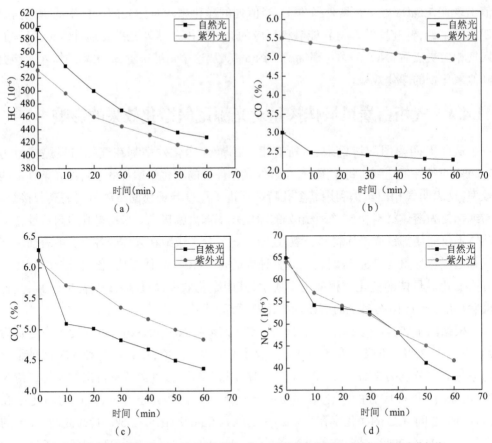

（a）HC 浓度变化规律　（b）CO 浓度变化规律　（c）CO$_2$ 浓度变化规律　（d）NO$_x$ 浓度变化规律

图 11.5　气相白炭黑掺量为 7.5at% 制备铈铋固溶体材料净化尾气各成分变化规律

第 12 章　电气石对铈铋固溶体材料的影响

电气石材料是一种具有内部自带电荷的矿石,其内部和外部的电荷能够吸附小分子物质。电气石的晶体结构主要由离子键构成,共价键起辅助作用。由于内部阴离子和阳离子的不均匀分布,电气石内部会形成自发的电场,并表现出明显的阴极和阳极区域。电气石类矿物的晶体结构相似,但外部条件的差异会导致电场的明显差异。电气石的形成过程中,成分、形成温度、压力和结晶速度的差异也会影响形成的电极的大小和方向。通过将电气石材料和铈铋固溶体材料结合起来,可以从电荷吸附的角度提升其净化性能。

12.1　电气石掺杂铈铋固溶体材料的制备

12.1.1　原材料及仪器

制备电气石掺杂铈铋固溶体材料所需的原材料主要包括硝酸铋、硝酸铈、氨水、乙二醇、无水乙醇和电气石。所有原材料均为分析纯。制备所需的实验仪器如表 12.1 所示。

表 12.1　实验仪器

名称	型号	厂家
聚四氟乙烯反应釜	100 mL	上海浦东物理光学仪器厂
电子天平	FA2004B	上海精科天美科学仪器有限公司
电热鼓风干燥箱	101-2 A	北京科伟永兴仪器有限公司
磁力搅拌器	SX-4-10	北京科伟永兴仪器有限公司

12.1.2　制备方法

将硝酸铈(约 0.01 mol)和硝酸铋(0.02 mol)加入乙二醇溶液中,通过加入浓氨水将溶液的 pH 值调节至 5。经过一段时间的搅拌后,分别加入 2.5at%、5at%、7.5at% 和 10at% 的电气石。每个掺量制备两组样品,分别标记为 A1、A2、B1、B2、C1、C2、D1 和 D2。持续搅拌 30 分钟后,将溶液以 80% 的填充率转移至内衬有聚四氟乙烯的釜中,在 160 ℃下反应 24 小时。得到的固体样品用 50% 乙醇溶液洗涤数次,然后进行烘干。随后,在 600 ℃下进行 2 小时的灼烧,并在冷却后进行研磨,即可得到不同掺量的电气石掺杂铈铋固溶体光催化剂样品。制备的电气石掺杂铈铋固溶体材料如图 12.1 所示。

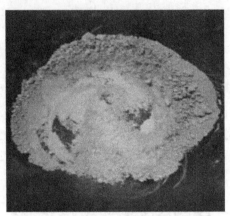

图 12.1　电气石掺杂铈铋固溶体材料

12.2　性能测试

通过使用 8.2 中介绍的指标和测试系统,将催化剂放入系统中进行测试。主要测试的污染物成分包括 HC、CO、CO_2 和 NO_x。在紫外光和自然光条件下进行实验,以确定催化剂在可见光范围内的净化效率,并将催化剂的响应光领域扩展到全光域后进行观察,以确定电气石的最佳掺量对净化效率的影响。

12.3　结构表征

电气石的添加旨在从电荷吸附角度考虑其对光催化性能的影响。因此,需要使用 BET 实验测试其吸附性能,并通过 SEM 验证材料制备过程中是否形成均匀的形貌。

12.4　电气石的吸附特性研究特征

12.4.1　孔容积和孔径分布情况测试

本吸附实验采用麦克仪器公司的 Auto Chem 2920 化学吸附仪进行,该仪器可提供催化剂、催化剂载体和其他各种材料的物理特性信息。吸附脱附实验在 150 ℃下进行。

从图 12.2(a)可以看出,铈铋固溶体材料的吸附性能很差,因此可以得出铈铋固溶体材料的尾气净化性能仅仅依赖于自身的作用。从图 12.2（b）可以看出，随着电气石的掺杂，净化材料的吸附性能增强。根据前文所述，电气石材料主要以电荷吸附为主，因此这也表明电气石材料的净化性能提高是由于电气石的电荷吸附效应。

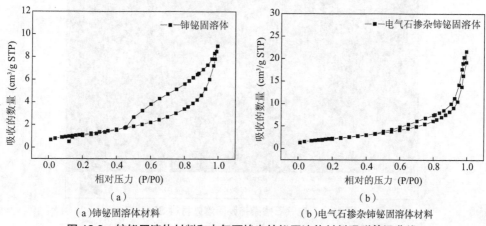

（a）铈铋固溶体材料　　　　　　　　　（b）电气石掺杂铈铋固溶体材料

图 12.2　铈铋固溶体材料和电气石掺杂铈铋固溶体材料吸附等温曲线

12.4.2　SEM 测试

本文使用 Zeiss GeminiSEM 500 型全功能场发射扫描电子显微镜对材料的微观形貌进行观察和元素组成分析。电气石掺杂铈铋固溶体材料是通过 12.2.2 中的制备工艺获得的。图 12.1 展示了电气石材料的 SEM 图像，而图 12.2 展示了在电气石最佳掺量为 5at% 条件下制备的铈铋固溶体材料的 SEM 图像。

图 12.3　电气石 SEM 图

图 12.4　电气石掺杂铈铋固溶体材料 SEM 图

由图 12.3 可见,电气石材料呈片状和棒状,并且相互分布相对均匀。图 12.4 显示了片状和棒状材料表面存在许多规则的六边形形貌,以及附着在片状和较大尺寸棒状颗粒上的模糊棒状颗粒。图 12.4 中的大块片状和棒状形貌对应于图 12.3 中的电气石材料,表面附着的六边形材料是铈铋固溶体材料中的氧化铈,而模糊的棒状材料是铈铋固溶体材料中的氧化铋。氧化铈材料之间密切相连,形成多孔的空间结构。根据尺寸,氧化铈材料附着在电气石材料表面,并且伴随着许多小的棒状氧化铋材料附着在表面上,形成一种掺杂结构。

12.5　电气石的不同掺量对铈铋固溶体的影响

12.5.1　不同掺量尾气测试分析

铈铋固溶体材料是一种出色的光催化材料。从自身的角度来看,该材料对尾气的净化主要包括两个步骤。首先,尾气中的各成分被捕捉到材料表面;其次,捕捉的成分与材料发生反应。第二个步骤是基于第一个步骤的基础上实现的。铈铋固溶体材料对尾气成分的吸附是有限的。然而,当加入电气石时,可以借助电气石的电子吸附功能来促进第一步。电气石能够自身产生电荷或内部产生电场。当 HC、CO、CO_2 和 NO_x 等尾气成分与含有电气石的光催化材料接触时,能够将它们吸附到材料表面。这些尾气成分都是小分子,而大量的电气石能够形成许多分散的电场。与作为载体使用的电气石相比,表面附着的光催化材料自身的吸附能力远远较低。这种辅助作用从物理吸附角度促进了净化效率的提高,显著改善了净化能力。此外,电气石具有廉价和可控制使用条件等优点。本节的实验主要利用第 8.2 节中介绍的指标和测试系统,在紫外光和自然光条件下对催化剂进行测试,主要测试的尾气成分包括 HC、CO、CO_2 和 NO_x。这些测试可以揭示催化剂在可见光范围内的净化效率。

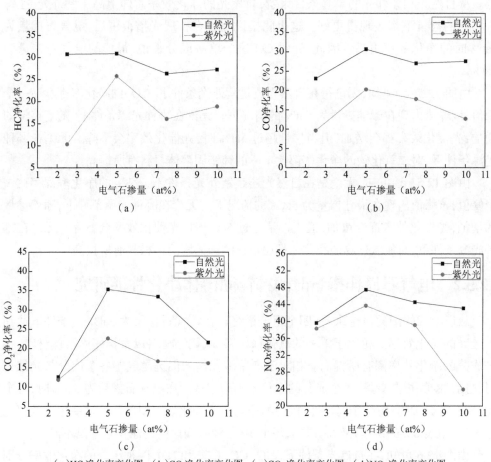

（a）HC 净化率变化图　（b）CO 净化率变化图　（c）CO_2 净化率变化图　（d）NO_x 净化率变化图

图 12.5　不同掺量电气石制备条件下铈铋固溶体材料对尾气的净化率影响

由图 12.5（a）可知,在自然光条件下,当电气石掺量分别为 2.5at%、5at%、7.5at% 和 10at% 时,HC 的净化效率基本上没有明显差别,都能保持在一个相对较高的水平,大约在 25%~30% 之间。相对而言,电气石掺量为 5at% 时的净化效率最高。在紫外光条件下,HC 的净化效率呈现一个峰值,该峰值出现在电气石掺量为 5at% 时。当掺量低于 5at% 时,随着掺量的增加,HC 的净化率增加;当掺量超过 5at% 时,HC 的净化率下降。从自然光和紫外光的单独条件来看,自然光的净化效率总体上高于紫外光,在每个相同的掺量下都表现得更好。这也间接说明了在扩展光谱范围后,电气石掺量为 5at% 时的净化效率更高。因此,针对 HC 这个单一成分来说,最佳的电气石掺量为 5at%。

由图 12.5(b)可知,在紫外光和自然光条件下,CO 的净化率趋势基本一致。在电气石掺量为 5at% 时, CO 的净化率都达到一个峰值。当掺量低于 5at% 时,随着掺量的增加, CO 的净化率增加;当掺量超过 5at% 时, CO 的净化率随着掺量的增加而降低。从自然光和紫外光的单独条件来看,自然光的净化效率总体上高于紫外光,在每个相同的掺量下都表现得更好。这也间接说明了在扩展光谱范围后,电气石掺量为 5at% 时的净化效率更高。因此,针对 CO 这个单一成分来说,最佳的电气石掺量为 5at%。

由图 12.5(c)可知,无论是在自然光还是紫外光条件下,CO_2 的净化率都存在一个峰值,该峰值出现在最佳掺量为 5at% 的情况下。无论在哪种光源条件下,随着掺量的增加,光催化效率都会增加,但当掺量超过 5at% 时,光催化效率会下降。无论在哪种光源条件下,对二氧化碳的净化率都比单一的铈铋固溶体材料有所提高。

由图 12.5(d)可知,无论是在自然光还是紫外光条件下, NO_x 的净化率都存在一个峰值,该峰值出现在最佳掺量为 5at% 的情况下。无论在哪种光源条件下,随着掺量的增加,光催化效率都会增加,但当掺量超过 5at% 时,光催化效率会下降。无论在哪种光源条件下,对氮氧化物的净化率都比单一的铈铋固溶体材料有所提高。

12.5.2　电气石最佳掺量时的铈铋固溶体净化性能研究

从以上四幅图的讨论来看,四个组分最终都在电气石掺量为 5at% 的条件下达到了最高的净化效率。相比于单一的氧化铈材料、氧化铋材料以及铈铋固溶体材料,各个成分的净化效率都有所提高。相对于利用多孔性来促进尾气中各个成分与光催化材料接触的气相白炭黑,各个成分的净化率稍高一些。在电气石掺量为 5at% 时,各个组分在 60 分钟内,每个 10 分钟阶段内的净化速率变化如下图所示。这些净化效率经过 8.2.2 中表 8.2 的误差补偿后得出,每个 10 分钟时间段内的净化效率是不同的。

由图 12.6 可知,在自然光条件下, HC、CO、CO_2 和 NO_x 四种组分的净化效率分别为 30.89%、30.68%、35.34% 和 47.56%;在紫外光条件下, HC、CO、CO_2 和 NO_x 四种组分的净化效率分别为 25.6%、20.28%、22.62% 和 43.74%。根据第四章得出的最佳掺量为 0.5 的条件,每种成分都在一个范围内。在自然光条件下, HC 的净化率在 2%~13% 之间, CO 的净化率在 2%~23% 之间,CO_2 的净化率在 5%~17% 之间,NO_x 的净化率在 21%~39% 之间。在紫外光条件下, HC 的净化率在 9%~23% 之间, CO 的净化率在 12%~22% 之间, CO_2 的净化率在 7%~20% 之间,NO_x 的净化率在 21%~35% 之间。由此可知,在自然光条件下,最佳掺量电气石掺杂后, HC 的净化效率提高了 17%, CO 的净化效率提高了 7%,CO_2 的净化效率提高了 18%,NO_x 的净化效率提高了 8%。在紫外光条件下,最佳掺量电气石掺杂后, HC 的净化效率提高了 12%, CO 的净化率差别不大,CO_2 的净化效率提高了 2%,NO_x 的净化效率提高了 7%。从图形趋势来看,净化

效率都呈现凹曲线,说明在净化开始阶段,

净化速度较快,随后逐渐降低。总体来说,在自然光条件下,随着电气石的增加,净化效率增加,而在紫外光条件下,掺杂了电气石后的铈铋固溶体材料与未掺杂的相比净化效率提高不多,这是相对于未掺杂气相白炭黑材料的最高净化效率而言。然而,与掺杂了气相白炭黑相比,电气石的掺杂提高的幅度更大。

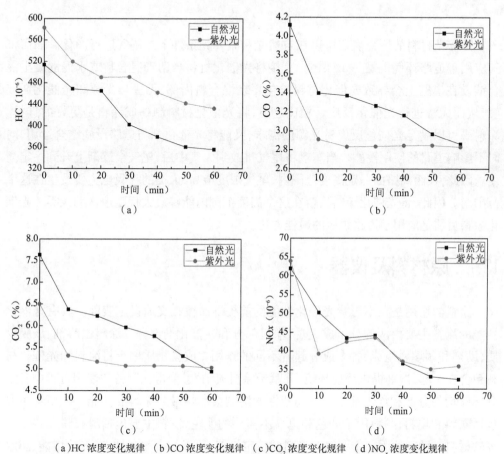

（a）HC 浓度变化规律　（b）CO 浓度变化规律　（c）CO_2 浓度变化规律　（d）NO_x 浓度变化规律

图 12.6　电气石掺量为 5at% 制备铈铋固溶体材料净化尾气各成分变化规律

第 13 章　铈铋基涂料的制备及光催化性能分析

　　铈铋基材料的研究表明可以在自然光和紫外光条件下对尾气进行净化。如何将其应用于道路环境也是一个课题。直接将光催化材料与沥青混合料或水泥混凝土混合铺设在道路上会导致光催化材料被包裹在混合料内部,无法与光源和光催化剂接触,从而无法进行光催化反应。相比之下,将光催化材料制备成涂料是更好的选择。涂料既可以满足光催化反应对光源的需求,又能将光催化剂与道路设施结合运用,同时不影响道路的使用性能。当车辆将尾气排放到大气中后,尾气会逐渐上升到一定高度。因此,在距离路面一定高度范围内,尾气浓度最高,人类的呼吸也主要发生在这个范围内。因此,将光催化涂料涂覆在这个高度范围内能够最大程度地帮助人类。光催化涂料目前是应用于道路领域的最佳方法。

13.1　原材料及仪器

　　涂料的作用是在不影响光催化性能的前提下涂覆在交通设施表面。具有光催化性能的涂料主要由两部分组成,包括涂料部分和光催化剂部分。涂料由溶剂、成膜物质、助剂和颜填料组成,各个成分起着不同的作用。成膜物质用于将涂料和光催化材料粘合在一起,溶剂提供反应环境,并赋予涂料流动性,使得在制备和使用过程中各组分能够均匀分散和均匀铺设。不同特性的溶剂会影响最终涂料的性能。颜填料主要包括颜料和填料,颜料用于调色和遮盖不需要的颜色,填料主要包括滑石粉和碳酸钙等软材料。助剂的添加主要针对涂料的特定性能,可以提高耐久性、抗老化性能、防水性和抗剥落性等。助剂的添加能够显著改善这些性能。

　　本文使用的材料包括水性乳液、蒸馏水、掺杂白炭黑的铈铋固溶体材料、掺杂电气石的铈铋固溶体材料、流平剂、材润湿剂、增稠剂、pH 值调节剂、分散剂、消泡剂、重钙、防腐剂和成膜助剂。涂料配方如表 13.1 所示。

表 13.1　涂料配方

基料	质量分数(%)
乳液	9-15
钛白粉	15-20

基料	质量分数(%)
重钙	15-20
白炭黑/电气石掺杂铈铋固溶体	5-8
中和剂	0.3-0.5
分散剂	0.5-0.8
消泡剂	0.5-0.8
分散剂	0.5-1
防腐剂	0.5-0.8
流平剂剂	0.3-0.8
增稠剂	0.5-1
成膜助剂	0.5-0.8
去离子水	35-53
合计	100

13.2　制备工艺

①按照表 13.1 中配方的质量分数称取乳液、钛白粉、掺杂白炭黑的铈铋固溶体材料(掺量为 7.5at%)、稳定剂、润湿剂和分散剂,混合在一起。使用卧式砂磨机在 3 000-5 000 r/min 的转速下高速分散 0.5~2 小时,制备预分散乳液。

②在烧杯中加入质量分数为 35%~53% 的去离子水,然后按照表 13.1 中的配方称取消泡剂、流平剂和增稠剂,加入烧杯中。使用转速为 1 000 r/min 的磁力搅拌器搅拌 0.5 小时 -2 小时。

③将上述搅拌完成的混合物中加入预先制备的预分散乳液和中和剂(氨水和硝酸)。在磁力搅拌器上以 500 r/min 的转速继续搅拌 0.5~1 小时,最终得到掺杂白炭黑的铈铋固溶体光催化涂料。按照上述方法制备两个样品,分别为 a1 和 a2。

将第①步中的掺杂白炭黑的铈铋固溶体材料(掺量为 7.5at%)更换为掺杂电气石的铈铋固溶体材料(掺量为 5at%),后续的②和③步骤保持不变,制备两个样品,分别为 b1 和 b2,均为掺杂电气石的固溶体光催化涂料。图 13.1 展示了制备的光催化涂料板。

图 13.1　制备的光催化板

13.3　涂料的净化效率

本实验利用 8.2 中介绍的指标和测试系统,在系统中对催化剂进行测试。主要测试的污染物成分包括 HC、CO、CO_2 和 NO_x。分别在紫外光和自然光条件下进行实验,以评估催化剂在可见光光谱范围内的净化效率。将光催化涂料均匀涂覆在车辙板上,制备光催化涂料板。待涂料干燥后,将其放置于尾气收集箱中进行光催化净化尾气实验。本文还研究了紫外灯和白炽灯下涂料的净化效率。图 13.2 展示了制备的掺杂白炭黑的铈铋固溶体材料光催化涂料板的尾气净化过程。图 13.3 展示了制备的掺杂电气石的铈铋固溶体材料光催化涂料板的尾气净化过程。

根据图 13.2 的结果可知,在自然光条件下,掺杂白炭黑的铈铋固溶体涂料对尾气中的 HC、CO、CO_2 和 NO_x 的净化效率分别达到了 22.07%、19.34%、25.01% 和 36.7%。与掺杂白炭黑的铈铋固溶体材料相比,净化效率分别降低了 6.07%、4.89%、5.67% 和 5.45%。在紫外光条件下,净化效率分别达到了 18.92%、6.7%、17.35% 和 30.7%。与掺杂白炭黑的铈铋固溶体材料相比,净化效率分别降低了 5.79%、3.8%、3.72% 和 4.3%。无论是在紫外光还是自然光条件下,光催化效率都有所降低。可以看出,制备的涂料与相应的材料相比,涂料制备过程中加入了其他材料,最大的可能是影响了光与光催化剂的接触。也有可能是涂料材料阻碍了尾气中的有害成分与光催化材料之间的接触。

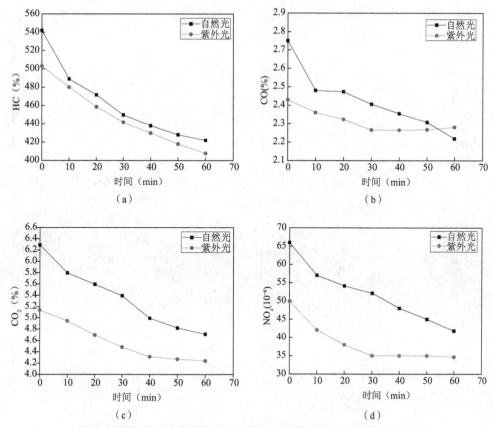

（a）HC 浓度变化图　（b）CO 浓度变化图　（c）CO$_2$ 浓度变化图　（d）NO$_x$ 浓度变化图

图 13.2　白炭黑掺杂铈铋固溶体涂料尾气净化规律

由图 13.3 可知,电气石掺杂铈铋固溶体涂料对尾气中的 HC、CO、CO$_2$ 和 NO$_x$ 的净化效率在自然光条件下分别达到了 12.77%、19.79%、13.23% 和 34.2%。与电气石掺杂铈铋固溶体材料相比,净化效率分别降低了 5.02%、3.31%、3.07% 和 4.9%。在紫外光条件下,净化效率分别达到了 3%、17.52%、8.32% 和 21.56%。与白炭黑掺杂铈铋固溶体材料的净化效率相比,降低了 0.6%、4.7%、5.24% 和 4.44%。无论是在紫外光还是自然光条件下,光催化效率都有所降低。可以看出,制备的涂料与相应的材料相比,涂料制备过程中加入了其他材料,最大的可能是影响了光与光催化剂的接触。也有可能是涂料材料阻碍了尾气中的有害成分与光催化材料之间的接触。

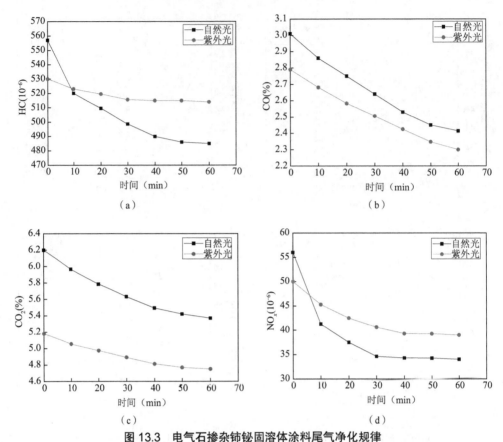

图 13.3　电气石掺杂铈铋固溶体涂料尾气净化规律
（a）HC 浓度变化图　（b）CO 浓度变化图　（c）CO_2 浓度变化图　（d）NO_x 浓度变化图

13.4　光催化涂料基本性能研究

　　光催化涂料主要应用于道路两侧的附属设施上，暴露在大气中，需要承受风吹日晒以及酸雨等恶劣天气条件下酸性物质的腐蚀。为了确保光催化涂料能够在自然环境或人为因素的影响下不发生质量变化，并保持净化效率，需要在制备完成光催化涂料后进行各种性能检测，包括抗酸碱性、抗冲刷性、抗老化性能和耐水性等。为了测试耐水性，将制备好的两种光催化涂料板完全浸泡在去离子水中 24 小时，并观察涂料的变化。为了测试耐碱性，将两种光催化涂料板放入氢氧化钙溶液中 24 小时。为了测试耐洗刷性，将一些洗衣粉水（碱性）倒在两块光催化涂料板表面，观察涂料的变化情况。测试结果如表 13.2 所示。

表 13.2　光催化涂料基本性能检测表

检测项	指标	结果	
		白炭黑掺杂铈铋固溶体	电气石掺杂铈铋固溶体
耐水性	是否有变色、脱落、气泡等现象	无	无
耐碱性	是否有无粉化、软化、气泡等现象	无	无
耐洗刷性	是否有无破损露出底部材料的现象	无	无

从表 13.2 可以得知,光催化涂料必须具备耐水性、耐碱性和耐洗刷性的要求。对于白炭黑掺杂铈铋固溶体和电气石掺杂铈铋固溶体材料进行了实验,两种光催化板的各项指标均符合要求,表明涂料可以进行大规模应用。

第 14 章　结论与展望

14.1　主要结论

汽车尾气所含的有害气体和颗粒物等成分对人类健康和生存环境构成了严重威胁,近年来全国范围内的雾霾污染问题严重影响了生活质量。解决尾气污染问题是紧迫而具有挑战性的任务。本文旨在提高 TiO_2 的光催化效率,通过掺杂 WO_3 和 Pt,使 TiO_2 能够响应可见光并加速光生电子与空穴的分离,从而制备出具有高光催化效率的 $Pt-WO_3-TiO_2$ 复合光催化材料,并将其应用于道路工程中的光催化涂料制备。本文还介绍了氧化铈材料、氧化铋材料、铈铋固溶体材料、白炭黑掺杂铈铋固溶体材料和电气石掺杂铈铋固溶体材料在尾气净化方面的性能。通过利用氧化铈材料的氧气储放性能以及氧化铋与氧化铈形成的复合结构,促进氧化铈材料中光生电子与光生空穴的分离,采用吸附和光催化相结合的方式,促进尾气的吸收和净化,并将新材料与涂料相结合应用于道路中。本文对各种尾气净化材料进行了表征分析和净化测试,得出以下结论。

①从 TiO_2 半导体净化尾气中有害成分的原理入手,分析了影响 TiO_2 光催化性能的因素,并提出了采用 WO_3、Pt 和 TiO_2 复合的方式来拓宽 TiO_2 的光响应范围并加速 TiO_2 中电子与空穴的分离的思路,以提高光催化净化尾气的效率。纳米 TiO_2 的性能取决于其微观结构,利用微观表征方法可以更好地了解材料的结构与性能关系,有助于掌握 TiO_2 的宏观性能。

②采用溶胶 - 凝胶法制备了纳米 TiO_2 光催化材料,并通过扫描电镜(SEM)分析得知, TiO_2 粒子尺寸均匀且呈椭球状;通过 X 射线衍射(XRD)分析得出 TiO_2 为锐钛矿相,平均晶粒尺寸为 14.36 nm;红外光谱(FT-IR)分析表明,纳米 TiO_2 表面容易与水结合,形成具有较强氧化能力的羟基基团;紫外 - 可见光(UV-Vis)反射分析显示,纳米 TiO_2 对紫外光的吸收率较高,达到 96% 左右,但对可见光的利用率非常低,约为 12%。

③通过将纳米 TiO_2 掺杂 2at% 的 WO_3 和 1at% 的 Pt,得到了 WO_3-TiO_2 复合光催化材料和 $Pt-WO_3-TiO_2$ 复合光催化材料。两种光催化材料的颗粒仍然呈椭球形状,并且分布均匀。通过 XRD 分析得知,它们的平均晶粒尺寸分别为 13.91 nm 和 12.76 nm。与纳米 TiO_2 相比,WO_3 和 Pt 的掺杂抑制了 TiO_2 晶粒的生长。通过 UV-Vis 反射分析显示,两种材料的吸收光谱发生了红移。WO_3-TiO_2 复合光催化材料在紫外光区和可见光区的吸光能力明显高于纳米 TiO_2,而 Pt 的掺杂进一步提高了光的利用率。

Pt-WO_3-TiO_2 复合光催化材料在 800 nm 处的吸光率高达 80%，远远超过纳米 TiO_2 和 WO_3-TiO_2 复合光催化材料的吸光能力。

④一个完善的尾气净化评价系统是尾气净化实验的重要组成部分。本文结合实际操作提出了净化指标要求，并设计了尾气净化装置，准确模拟了道路环境下的尾气排放规律。通过控制初始浓度范围和标定系统误差参数，将光催化净化尾气实验的误差降至最低，更加精确地模拟了实际道路中的尾气净化数据。

⑤在不同的 WO_3 和 Pt 掺量下对纳米 TiO_2 进行了尾气净化实验。结果显示，在紫外灯照射下，当 WO_3 掺量为 2at%，Pt 掺量为 1at% 时，净化效果最佳。其对 HC、NO_x、CO、CO_2 的净化效率分别为 11.58%、43.81%、12.57%、11.85%。与 WO_3-TiO_2 复合光催化材料相比，净化效率分别提高了 1.02%、9.05%、6.56%、6.50%。相比未改性的纳米 TiO_2，净化效率分别提高了 9.64%、23.50%、11.25%、11.46%。此外，光源对光催化材料的净化效率有很大影响。本文采用了紫外灯、白炽灯和无光条件进行测试，结果显示，在紫外灯下，三种材料净化尾气的效率略高于在白炽灯下。而在无光条件下，纳米 TiO_2 几乎没有净化尾气的功能。综合三种光源下的净化数据，可以得出 WO_3 和 Pt 的掺杂拓宽了光响应范围，并提高了光催化净化效率。

⑥在 WO_3 和 Pt 的最佳掺量下，制备了 Pt-WO_3-TiO_2 复合光催化材料作为一种基料，并对涂料进行了光催化净化尾气实验。结果显示，涂料对 HC、NO_x、CO 和 CO_2 的净化效率分别达到了 8.30%、40.74%、9.63% 和 8.72%。虽然净化效率略低于 Pt-WO_3-TiO_2 复合光催化材料，这是由于少量的光催化材料被其他基料覆盖所导致。通过重复净化效率研究发现，随着净化次数的增加，净化效率逐渐降低，这是由生成的杂质和颗粒物覆盖在涂料表面所引起的。然而，涂料本身仍具有重复净化尾气的功能。本文还对涂料的基本性能进行了评价，检测结果符合国家规范要求。

⑦氧化铈材料能够净化尾气，这是基于宏观表现和微观结构两方面考虑的。从原理上讲，氧化铈是一种具有优秀光催化性能的半导体材料。它具有半导体结构，包括价带、导带和禁带三部分。在光的激发下，氧化铈内部会产生具有强氧化性能的光生电子和光生空穴。结合氧化铈内部优秀的储放氧性能的结构，它具有很强的净化尾气污染物的特性。通过使用 XRD、可见 - 紫外光谱、红外光谱和 SEM 等表征方法，可以得出采用的制备工艺所制备的材料具有良好的六方晶系结晶形态，丰富的孔隙结构，并对从紫外光到可见光范围内的光有响应。从宏观表现来看，在自然光和紫外光光源条件下，氧化铈材料对尾气中的四种成分的净化效率是不同的。通过研究制备工艺，结合不同 pH 值、煅烧温度和煅烧时长的条件，论证了氧化铈的净化性能。在不同 pH 值条件、不同煅烧温度和不同煅烧时长的制备条件下，得出了最佳制备工艺的控制条件，即最佳制备 pH 值为 7，最佳煅烧温度为 800 ℃，最佳煅烧时长为 4 小时。

⑧氧化铋材料也是一种性能优异的光催化材料，具有半导体材料的基本结构。从

微观和宏观两个方面来看,通过使用 XRD、可见 - 紫外光谱、红外光谱和 SEM 等表征方法,可以得出本文所采用的制备工艺制备的氧化铋材料具有较大的比表面积、丰富的孔隙结构和较高的结晶程度,并对从紫外光到可见光范围内的光有响应。在宏观上,通过研究制备工艺中的制备温度和 pH 值,论证了氧化铋材料的光催化性能。在不同制备温度和不同 pH 值的制备条件下,得出了最佳制备温度为 65 ℃,最佳制备 pH 值为 8。

⑨铈铋固溶体材料结合了氧化铋和氧化铈材料的优点。通过将氧化铋掺杂到氧化铈材料中,可以在一定程度上抑制光生电子和光生空穴的复合,并提高氧化铈材料的孔隙。微观结构上,通过 SEM 观察可以看到在规则的氧化铈六边形结构中间掺杂了棒状或花状的氧化铋结构。从可见 - 紫外光谱结果中可以看到,随着氧化铋材料的掺杂,材料对可见光的响应范围也增加了。在制备工艺的基础上,采用不同的氧化铋掺量研究其净化效率,得出最佳氧化铋掺量为 Ce : Bi=0.5at%。在自然光条件下,对 HC、CO、CO_2 和 NO_x 四种组分的净化效率分别为 17.57%、23.1%、17.3% 和 39.1%;在紫外光条件下,对 HC、CO、CO_2 和 NO_x 四种组分的净化效率分别为 3.6%、22.22%、13.56% 和 26%。由于自然光的利用率较高,最终净化效率也较高。

⑩白炭黑材料是一种多孔的气相二氧化硅材料,利用其多孔特性可以促进白炭黑掺杂铈铋固溶体材料对尾气中各种污染物成分的吸附作用,从微观上观察,通过 SEM 图像可见白炭黑材料作为多孔载体,其粒径较铈铋固溶体材料更大,并且负载在表面形成一种互相配合的系统。结合对尾气的吸附,在白炭黑表面可以充分发生反应,从而提高净化效率。最佳掺量为 7.5at%。从宏观表现来看,在自然光条件下,对 HC、CO、CO_2 和 NO_x 四种组分的净化效率分别为 28.14%、24.25%、30.68% 和 42.15%;在紫外光条件下,对 HC、CO、CO_2 和 NO_x 四种组分的净化效率分别为 23.71%、10.5%、21.07% 和 35%。与掺杂前相比,在自然光条件下,掺杂后 HC 的净化效率提高了 5%,CO 的净化效率提高了 1%,CO_2 的净化效率提高了 13%,NO_x 的净化效率提高了 3%。在紫外光条件下,掺杂后 HC 的净化效率变化不大,CO 的净化效率提高不大,CO_2 的净化效率提高了 1%,NO_x 的净化效率变化不大。

⑪电气石材料是一种带电荷的材料,可以用于吸附小分子。尾气中的污染物主要由小分子组成,将电气石掺杂到铈铋固溶体材料中作为载体,可以充分利用电气石材料的吸附功能,发挥铈铋固溶体的净化潜力。通过 SEM 观察可以清晰地看到铈铋固溶体材料均匀分布在电气石表面,彼此相辅相成,共同提高净化效率。通过掺杂不同含量的电气石到铈铋固溶体中,得到的宏观尾气净化效率也不同。最佳掺杂量为 5at%。在自然光条件下,对 HC、CO、CO_2 和 NO_x 四种组分的净化效率分别为 30.89%、30.68%、35.34% 和 47.56%;在紫外光条件下,对 HC、CO、CO_2 和 NO_x 四种组分的净化效率分别为 25.6%、20.28%、22.62% 和 43.74%。在自然光条件下,最佳掺杂量电气石

掺杂后,HC 的净化效率提高了 17%,CO 的净化效率提高了 7%,CO_2 的净化效率提高了 18%,NO_x 的净化效率提高了 8%;在紫外光条件下,最佳掺杂量电气石掺杂后,HC 的净化效率提高了 12%,CO 的净化率变化不大,CO_2 的净化效率提高了 2%,NO_x 的净化效率提高了 7%。

⑫ 涂料是一种简单而有效的光催化材料,在道路工程中可以用于制作道路标志标线或涂抹在道路附属设施上。涂料的优点是原料容易获取且成本低廉,在确保路用性能的同时可以进行大规模应用。对比白炭黑掺杂铈铋固溶体涂料和电气石掺杂铈铋固溶体涂料,它们在颜色和配方上没有根本差异,只是使用了不同的吸附材料。白炭黑掺杂铈铋固溶体涂料在自然光条件下对尾气中的 HC、CO、CO_2 和 NO_x 的净化效率分别达到 22.07%、19.34%、25.01% 和 36.7%,相比白炭黑掺杂铈铋固溶体材料,净化效率降低了 6.07%、4.89%、5.67% 和 5.45%。在紫外光条件下,净化效率分别为 18.92%、6.7%、17.35% 和 30.7%,相比白炭黑掺杂铈铋固溶体材料,净化效率降低了 5.79%、3.8%、3.72% 和 4.3%。电气石掺杂铈铋固溶体涂料在自然光条件下对尾气中的 HC、CO、CO_2 和 NO_x 的净化效率分别达到 12.77%、19.79%、13.23% 和 34.2%,相比电气石掺杂铈铋固溶体材料,净化效率降低了 5.02%、3.31%、3.07% 和 4.9%。在紫外光条件下,净化效率分别为 3%、17.52%、8.32% 和 21.56%,相比白炭黑掺杂铈铋固溶体材料,净化效率降低了 0.6%、4.7%、5.24% 和 4.44%。两种光催化涂料的基本性能都能满足使用要求,因此可以应用于道路的各种附属设施中。

14.2　研究展望

①本文针对 TiO_2 半导体光催化性能的缺点进行了改良,通过采用 WO_3 和 Pt 复合改性的方式拓宽了光响应范围并加速光生电子与空穴的分离,从而提高了 TiO_2 的光催化效率。然而,这种改性方法得到的 $Pt\text{-}WO_3\text{-}TiO_2$ 复合光催化材料的吸附性能不佳,在一定程度上削弱了光催化效率。结合对 TiO_2 改性研究的文献,建议将 TiO_2 制备成具有骨架空隙结构的形态,以增强对污染物的吸附性能,进一步提高光催化效率。

②影响 TiO_2 光催化效率的因素包括内在因素和外在因素。本文制备了纳米级、锐钛矿相等条件的 TiO_2,主要关注改善光催化效率的内在因素。然而,在外在因素方面,本文仅研究了光照对光催化材料效率的影响。另外,空气流速、大气温度、湿度以及尾气浓度等因素也会对光催化效率产生影响。在今后的研究中,可以将这些因素作为重点,多角度探究不同影响因素下光催化效率的变化规律。

③半导体材料用于净化尾气的光响应范围目前仅限于紫外光和可见光领域。要进一步提高净化效率,需要将其扩展到全光谱范围。在进行实验以检测尾气净化性能时,影响净化性能的因素非常多。因此,在今后的实验中,需要进一步改善实验的环境条件,尽量确保每次只有一个因素对净化性能产生影响。

④光催化涂料虽然能够将制备的净化材料应用于道路上,但由于尾气扩散到空气中,不容易被捕捉到。如果能够提升涂料的各项指标,或采用其他形式将其作为道路材料的一部分应用于道路表面,就能够更直接地在尾气排放时进行净化,尽量将污染降至最低。

⑤创新材料是一种综合各种材料优点的思路。本文将氧化铈材料和氧化铋材料进行了简单的二元复合,并通过不同的吸附方法发挥其特定性能。然而,要充分发挥其潜力,仍需进一步改进,无论是从结构出发还是在原材料的基础上进行改进。本文已经成功开发出复合制备工艺,但要进一步改进,合成工艺也需要改进,以形成具有更强吸附或净化功能的结构。

参考文献

[1] 朱芬芬. 二氧化铈载金催化剂的制备、表征及性质研究 [D]. 济南: 山东大学, 2013.

[2] 谭理刚. 柴油机 SCR 系统喷射雾化及催化转化数值仿真与实验研究 [D]. 长沙: 湖南大学, 2014.

[3] 魏强. 氧化铈基材料的制备及光催化脱硝性能研究 [D]. 镇江: 江苏大学, 2017.

[4] 李怀龙. 贵金属 / 钙钛矿复合催化剂结构及性能的第一性原理研究 [D]. 宁波: 宁波大学, 2015.

[5] 王建昕, 傅立新, 黎维彬. 汽车排气污染治理及催化转化器 [M]. 北京: 化学工业出版社, 2000.

[6] 刘懿. 铈基催化剂上一氧化碳氧化反应机理的研究 [D]. 上海: 华东理工大学, 2010.

[7] 章从根. Cu 基铋钼改性铈锆复合氧化物催化剂的制备与性能研究 [D]. 汕头: 汕头大学, 2011.